菜根谭

修心课

万古不变的心灵荡涤之道

黄　颖◎编著

中国华侨出版社

图书在版编目(CIP)数据

菜根谭修心课:万古不变的心灵荡涤之道 / 黄颖编著.—北京:
中国华侨出版社,2015.1

ISBN 978-7-5113-5112-8

Ⅰ.①菜… Ⅱ.①黄… Ⅲ.①个人–修养–中国–明代
②《菜根谭》–通俗读物 Ⅳ.①B825-49

中国版本图书馆 CIP 数据核字(2015)第012613 号

菜根谭修心课:万古不变的心灵荡涤之道

编　著 / 黄　颖

责任编辑 / 棠　静

责任校对 / 王京燕

经　销 / 新华书店

开　本 / 787 毫米×1092 毫米　1/16　印张/22　字数/350 千字

印　刷 / 北京建泰印刷有限公司

版　次 / 2015 年 2 月第 1 版　2015 年 2 月第 1 次印刷

书　号 / ISBN 978-7-5113-5112-8

定　价 / 38.00元

中国华侨出版社　北京市朝阳区静安里 26 号通成达大厦 3 层　邮编:100028

法律顾问:陈鹰律师事务所

编辑部:(010)64443056　　64443979

发行部:(010)64443051　　传真:(010)64439708

网址:www.oveaschin.com

E-mail:oveaschin@sina.com

前言

　　中国历代文人墨客十分注重修身养性，大多以儒、道、释三家理论来养身、养心，从生活态度到处世哲学，融审美情趣于个人趣味之中。《菜根谭》一书即是记录他们的修养、人生、处世、出世的语录合集，其内容具有三家真理的结晶和万古不易的传世之道，为旷古稀世的奇珍宝训。它对于人的正心修身、养性育德，有着不可思议的潜移默化的力量。其文字简练明隽，兼采雅俗。似语录，而又有语录所没有的趣味；似随笔，而又有随笔所不易及的整饬；似训诫，而又有训诫所缺乏的亲切醒豁；且又有雨余山色、夜静钟声点染其间，其所言清霏有味，风月无边。

　　《菜根谭》一书成书于明代，作者为明代还初道人洪应明收集编著。洪应明在收集了此前儒家、道家和佛家三家的真理语录基础上，用语录体的方式生动形象地再现了古代文人雅士们细悟慢品而出的人生至理。

《菜根谭》的中心思想在于向世人传达为人处世的思想，文中的格言小品大多来自于三家真理，主要是儒家的中庸思想、道家的无为思想和佛家的出世思想。在三家思想的融合之下，作者找到了陶冶世人情操、激励人们奋发向上、磨炼个人意志的经典观点。作者之所以取"菜根"为书名，这是蕴含着凡人之本性要经过艰苦磨炼，要从最底层做起，才能有所成就，提升个人的修养和才智之意。几百年来，《菜根谭》以其对仗工整的语言、耐人寻味的语句以及深入浅出的人生哲理在文人骚客和僧舍道观之间广泛流传，其中的那些揭示人性善恶、教导人们从复杂的人际关系中超脱的道德格言，一直流传至今，到现在仍为众多学界、政界、商界等人士所钟爱。足以见得，书中的格言警句，确实发人深思。

细细品读《菜根谭》就会发现，不论是出世入世，还是日常自我克制或是超脱世俗等道理，都涉及了古代心学和禅学思想，在心学刚刚兴起的朝代，作者糅合了此前儒家修身、齐家、治国、平天下等仁义原则，将生活哲学和日常的审美情趣融合在了一起，还把超然于世外、浮游于天地之间的道家无为观念和儒家的积极入世、爱仁爱之人的观念相结合，可谓是采儒、释、道三家观念之精髓，并将其融会贯通，以此来警醒世人，含义深邃。

本书以《菜根谭》原文为基础，取其中精华成册，用更为通俗易懂的语言来解释每一小段语录，以春、夏、秋、冬四季轮回转换来解析其中所蕴含的深意，结合众多耳熟能详的儒家、道家和佛家的具体事例进行详细说明，以便读者能够更为深入地了解《菜根谭》中的名句警言，同时能更明确地传达其中的人生哲学，也让现代人在忙碌的生活当中细细品味这本传世的小册子，了解安身立命的道理。

目录
CONTENTS

春／正己立身篇

一月：人之初，志于学
——读书治学持恒心

二月：行于世，存方圆
——为人立世长慧心

三月：言语慎，是非无
——言谈举止存善心

夏／处世立业篇

四月：上不傲，下不卑
　　——居上为下修谦心

五月：志宏远，行稳健
——立业管理怀雄心

六月：宠不妄，辱不怒
　——宠辱不惊持定心

秋 / 交友齐家篇

七月：身心正，侠义全
——识人交友存素心

冬 / 修身养性篇

十月：学人贤，省己过
——养性育德存真心

十一月：心量大，境自宽
——有容乃大养豁心

十二月：亲善缘，远恶缘
——明心见性修善心

春　正己立身篇

三字经的开头两句："人之初，性本善。"尽管荀子一直坚持性本恶，但修善是君子一生所为，不论读书、治学还是修性。善恶是非常常只在一念之间，因此正己便是为人立世之本，君子自当言行举止都合规矩，定方圆。

一月

人之初，志于学——读书治学持恒心

凡讲求学问的人，首先要明白学以致用的道理，其次必修身养性，真心向善，洁身自好，不为外界污浊所迷惑，读书治学才能坚持恒心毅力，为学之人才能求真务实、不失风雅。

真趣味才有大慈悲

人人有个大慈悲，维摩屠刽无二心也；处处有种真趣味，金屋茅舍非两地也。只是欲闭情封，当面错过，便咫尺千里矣。

人内心都有大慈大悲的一面，不管是谁，维摩诘居士有，屠夫和刽子手也有，他们之间没有太多的差别；同样地，人间处处也都有一份真正的情趣，不论是身处金宅玉宇，还是草寮茅屋，他们都有自己的情趣。之所以有差别，归根结底是因为人心，因为欲念和私情蒙蔽了人心，这才让人错失了慈悲心与真情趣，尽管看起来仅仅近在咫尺的距离，却早已是谬之千里了。

古人关于人性的众多观点中，最具代表性的要数孟荀二人。荀子主张人性本恶，孟子则截然相反，主张性本善。孟子的观点是"人皆有恻隐之心，是非之心，辞让之心，羞慈之心"。只是无论主张性本善还是性本恶，善恶都和外部世界的贫富差距没有太大关系。世间处处都充满了真善美，寒门蔽户也能同富贵人家金碧辉煌的大厦一样有天然的情趣。所以说，精神上人是否真正获得快乐的感受不过是一念之间。乐天知命、心无杂念的人即便是住在破败的茅草屋也能感到充实愉悦，贪得无厌、作恶多端的人就是住在富丽堂皇的大宅子里也会感到空虚难耐。所谓一念之间，所指的是修养的程度，只要是没有追求这一念之间的精神，本性就会在客观世界的影响中发生质的变化。

求学重在躬行，立业重在种德

读书不见圣贤，如铅椠佣；居官不爱子民，如衣冠盗；讲学不尚躬行，如口头禅；立业不思种德，如眼前花。

译　文

研读诗书却不曾洞察历代先贤所要表达的思想精髓，那还不如一个写字匠；为官者要是不爱护自己的黎民百姓，那还不如道貌岸然的强盗；讲学却从不将学习落到实处，不身体力行，还不如一个成天只会口头念经之人；追求事业成功却从来不考虑积累功德，即便是成功也会如昙花一现。

解　析

读书不求甚解，一味地背诵诗句全然知其然，不知其所以然，那自然是领会不到古圣先贤所要表达的思想精髓，充其量就只能是个匠气十足的写字匠；当官不为民做主，那领了俸禄的他们其实和强盗本质上没什么区别。所以说凡做学问，就要身体力行，不为后人累积功德的话，就不是实实在在地学以致用，就很难取得真正的成功。

中国古代有一个很有名的说法，那就是"半部论语治天下"，这个说法源于北宋开国元勋、曾一生被三次拜相的赵普将军的故事。幼年时期的赵普就熟谙史事，但在学问方面有着不少的欠缺。到他第一次当上宰相以后，当朝皇帝宋太祖就不断劝说他要多多读书。赵普从那以后就每天退朝回家读书，几乎是做到了手不释卷，其中他对《论语》的研读最是精通。到宋太宗时，朝中有人嘲笑赵普不学无术，就只知道《论语》。宋太宗得知后就询问赵普此事是否为真，赵普面对宋太宗的询问毫不隐讳地直接回答："臣平生所知，诚不出此一书。昔日以半部《论语》佐太祖定天下，现在以半部《论语》辅陛下致太平。"这就是后世所说的赵普"半部论语治天下"的来历。淳化三年（992 年），赵普病逝，享年 71 岁。赵普去世以后，赵家人打开赵普的书箱时，发现其中就有《论语》20 篇。

穷愁寥落，不失气度

贫家净扫地，贫女净梳头，景色虽不艳丽，气度自是风雅。士君子一当穷愁寥落，奈何辄自废弛哉！

译 文

贫穷人家勤扫地，穷人家的女儿勤梳洗，就算是没有艳丽奢华的陈设和打扮，但只要是干干净净却也有一番淳朴的风雅气度。但凡有才的君子又何必为一时的穷困忧愁或是受到冷落而感到发愁呢，又岂能因此而自暴自弃、散漫松弛呢？

解 析

孔子一生对外宣扬自己的观点，这过程中碰过不少壁，也遭遇了太多难堪的事件。而孔子并未因此事垂头丧气，或是感到颓废不已，更没有愤世嫉俗或是怨天尤人的表现。在困境中的孔子往往一方面始终保持执着的态度，无怨无悔地坚持自己，另一方面又尽可能表现出自己的宽厚平和和乐天知命，他能够很巧妙地应付自己所面对的各种横逆之事，并于谈笑间拨云见日，最终给予心灵一片宁静、仁和和慈悯，这无疑会给自己带来一种不可企及的浑涵博大。如果将这种想法称为幽默的话，那这种幽默是幽默中的最高境界，也是最难企及的。孔子认识到为人最可贵之处就在于培养和解析自己的才智与力量，努力也是必不可少的。任何一个人的力量都十分有限，成败都非一人之力所能决定，但如果已经尽自己所能，也就无愧于心了，结果无论是成还是败都可以宽容甚至愉快地接受了。

脱俗即可入圣境

作人无甚高远事业，摆脱得俗情便入名流；为学无甚增益功夫，减除得物累便超圣境。

为人不一定要成就伟大的事业，只需能摆脱对世俗功名利禄的痴迷，就可以称作为名流；做学问本就没有什么增加学问的秘诀，如若能排除内心为外物所累的欲望和负担，就可以入至高圣境了。

刘向曾说过："书犹药也，善读之可医患也。"任何一个时代都有其最具代表性的书籍，但同时也有其认知和学问的局限所在。战国末年，《诗》、《书》、《礼》、《乐》曾是那个时代的经典之作。同样地，当今社会如要成为政治家、文学家、科学家，或者律师、教师、经理、企业家等行业的优秀人才，也必须大量读书。只有读书能不断地完善自己，充实自己的大脑；如果不读书，只能让缺少精神食粮给养的大脑枯萎。

道以自然，工巧非文

文以拙进，道以拙成，一拙字有无限意味。如桃源犬吠，桑间鸡鸣，何等淳庞。至于寒潭之月，古木之鸦，工巧中便觉有衰飒气象矣。

译 文

文章要写得质朴实在才算是真正的进步，而学道也在于真诚自然，这些都是一个拙字所蕴含着的意味，是说不尽的。就好比桃花源中的犬吠、桑林间的鸡鸣，都是淳朴而充实的景象。而那寒潭中倒映的月影，以及枯树枝上的乌鸦，即便工巧，却也难免有一种衰败的景象。

解 析

孔子认为，如果文采逊于质实，那文章读起来就难免粗陋；如果文采过于质实，文章读起来也会叫人感觉虚浮。只有文采和质实二者搭配得恰到好处才能算是好文章，至于君子的标准也是如此。因此，广泛学习，提升自我的文化水平以及语言修养，并用一定的道德标准来约束自己是君子必须做到的。

孔子向来主张"文质彬彬"，文采和质实二者彬彬，说的就是两方面彼此合理配合，就能形成一幅色彩斑斓的图画，既有生趣，又真实厚道，这样的人才会给人可爱的感觉。

现代人教育孩子，他们的期望是能够培养出聪明、机巧、刚强、好胜且富于竞争力的孩子。要是谁培养出来的孩子被人说成是笨拙、柔弱、退让、不争等，那必定就会被人们认为是失败的教育。因此，几乎所有的现代人都希望以自己的聪明才智在社会上出人头地，这已经成为了现代人奋斗的最终目标，也被大家视为是竞争中获胜的标志。所以人们都以此为工作和学历的动力，并常常为此感到苦闷和痛苦。这也是人们常说的"聪明反被聪明误"和"烦恼皆因强出头"。

为学之心必务实

学者要收拾精神，并归一路。如修德而留意于事功名誉，必无实诣；读书而寄兴于吟咏风雅，定不深心。

学者治学首先要集中精神，全心全意致力于研究工作。倘若在道德修行时，总是沽名钓誉，一心只在乎功名利禄，那断然是不会有高的造诣的；读书也是如此，只一心想着附庸风雅，低声吟诵诗词，那是很难在读书方面有所斩获的。

解析

勤奋才能出天才，自古以来都是一分耕耘，才有一分收获。宋代古文运动最著名的领袖人物欧阳修，他的成才就是依靠勤奋学习得来的。欧阳修，出生于现在江西吉安的一个贫困的家庭，幼年时的欧阳修学习时连基本的笔墨纸砚等文具都买不起。欧阳修的家当时在江滨，只能在江边用芦苇做笔在沙滩上写字练字。23 岁时欧阳修进士及第，开始走上仕途。欧阳修一生的著作很多，其中最为著名的有《欧阳文忠公文集》，全书大概 100 万字，另外还有一些小的专著和文章，譬如散文《醉翁亭记》，如今已是千古名篇。

古往今来，有真才学的学者，必先下大功夫，以真功夫去求真学问，那些日日只知道吟风弄月、附庸风雅的人只能了解一些皮毛，却不曾务实求真学问。这无疑是对自己精力的极大浪费，于学习、于事业都无益。既然读书，首先就要集中精力、专心致志，再通过加强自身的修养来塑造自己。

戒骄戒躁，不事炫耀

前人云："抛却自家无尽藏，沿门持钵效贫儿。"又云："暴富贫儿休说梦，谁家灶里火无烟？"一箴自昧所有，一箴自夸所有，可为学问切戒。

译文

古人曾说过："要舍弃自己家中的无尽精神和物质财富，学乞丐一样端着饭碗一家家要饭去。"还说："凡是一夜暴富的穷人切勿信口开河、痴人说梦，谁家的炉灶里还没冒过烟呢？"前一句话的道理是要告诫人们切勿妄自菲薄，后一句话说的道理是告诫人们戒骄戒躁，这两种情况在做学问时都要引以为戒。

解析

有这样一个寓言，一只母蛙带着自己的孩子在池塘里游戏，突然它们发现身边有一头牛也在池塘边喝水。蛙妈妈一见就很是羡慕牛庞大的身躯，它也想让自己变得和牛一般大，于是它开始拼命往肚子里鼓气，还时不时地问儿子："孩子，我和牛一样大了吗？"它的儿子看到了以后，就劝妈妈："您别再胀了，再这样下去肚皮要爆了。"最后，不听儿子劝告的蛙妈妈还是把自己的肚子给胀破了。

母蛙没有考虑到自身的实际情况，只知道一味地羡慕牛庞大的身躯，一心想和牛比大，却从未想过要和牛比小。这个寓言告诉大家一个道理，自视太高的人习惯了傲视众人，但他们也常常会妄自菲薄，总觉得自己在某个方面不如他人，于是自己看不起自己。要知道，寸有所长，尺有所短，每个人都有自己最为可贵的部分，别总是一味地羡慕他人，却不去发现自己的可贵之处。

心如净土，方可学古

心地干净，方可读书学古。不然，见一善行，窃以济私；闻一善言，假以覆短。是又借寇兵而赍盗粮矣。

心地善良才会有一方内心的净土，才能成为一个洁白无瑕的人，才能研法诗书，并且学习圣贤的美德。要不这样的话，看见善良正直的行为，就会以此来偷偷满足自己的私欲；听到善言，就会利用它来掩盖自己的过失，这可不是心灵净土所有的行为，无异于为强盗提供武器、为盗贼提供粮食一样的恶劣。

心地善良且品德高尚的人一般都精于学问，更重要的是他们十分注重志向。志存高远者，才能修身、齐家、治国、平天下。北宋著名的史学家司马光，家中曾有文史方面的私人藏书上万卷。他每天早晚都要检索翻阅这些书籍，数十年如一日。这些书仍同刚买回来的一样，还都大多崭新如初。司马光曾对自己的门客说："商人们的家里屯藏的都是金银财产，相对而言，我们要收藏的就只有书籍了，所以我们必须比其他任何东西更珍惜这些书籍。譬如我就常常把我的藏书拿出去晒一晒，为的是防止书籍霉变长虫，还要细细检查一下书桌是不是干净，有时还需要垫上褥子，这样才敢仔仔细细去翻阅自己想要阅读的书籍。每读完一页，我还会小心翼翼地先用右手拇指托着每页书的边沿，再用食指夹着书页小心地翻过去。可是我看到你们看书的时候，总是一点都不珍惜地用两个手指来翻书。在我看来，你们对钱财的爱惜程度已经远远超过了自己的书籍。就这一点，就可以看出你们的志向所在。"

扫除外物，还原本真

人心有一部真文章，都被残篇断简封锢了；有一部真鼓吹，都被妖歌艳舞湮没了。学者须扫除外物，直觅本来，才有个真受用。

人人心中都存着一篇真正意义上的好文章，只不过通常情况下它们会被那些物欲杂念所遮蔽和禁锢；同样地，每个人心中也都存有一首好的乐曲，只不过常常会被那些妖歌艳舞所淹没了。因此作为一个真正求知求学的人，首先要做的就是扫除那些干扰和诱惑内心的事物，还原到最本真的自然状态，这样才会获得真正的好处。

解 析

《论语》中提到：不但要有广泛的兴趣爱好，这样才能鼓励自己多多学习各个方面的知识和技能，但同时也要坚持自己的志向，认定自己的目标不懈努力。《论语》中还提到：要是没有宏大的追求，或是没有笃定的信念，人的一生就失去了真正的意义。为什么这么说呢？朱熹曾对此解释道：一个人学有所成，但眼光太过狭隘，就会固执地坚持己见，看不到别人的观点，而那些广闻博见却诗中没能守住自己志向的人也终究是一事无成的。

《论语》中说"博学而笃志"，正所谓"执德不弘，信道不笃，焉能有为，焉能无为"。这里提到的就是一种最基本、最科学的治学原则和态度。在现代社会，信息爆炸的年代导致了人们每天接触的信息量十分巨大，知识的更新也在日新月异，每一天都会有新的学科出现，且发展十分迅速。这就要求每个人都要抬高手眼，在新知识、新学科的面前广泛地学习，只有做到这一点才能跟上社会发展的步伐。

求真知其实别无他求，只要向自己的内心深处去寻找，就会找到原本就属于自己的本真，那就是最大的真知，也就是通常所说的良知的所在。

善读书者，心领神会

善读书者，要读到手舞足蹈处，方不落筌蹄；善观物者，要观到心融神洽时，方不泥迹象。

善于读书的人，到了心领神会的境界，就会手舞足蹈，此时的他并不会得意忘形而跌入文字的陷阱当中；那些善于观察事物的人，要让自己所观察的事物与自己融为一体，只有心融神洽的时候才不会流于表面现象。

曾有这么个故事：古代有个叫王戎的吝啬鬼。王戎其实是个很有钱的人，但他一直都无比吝啬。王戎侄儿结婚的时候，他也仅仅送给了侄儿一件单衣。不久以后王戎竟然又把那件单衣要了回来。到他女儿出嫁时，王戎借给自己的女儿好几万钱。可是自从借钱之后，每每女儿回娘家，王戎都臭着脸。女儿感觉不好意思，也只好一点点把父亲的钱还上，直到还完了所有的钱，王戎这才高兴起来。作为一个守财奴，王戎只懂得钱财给他带来的快感，却不知道享受钱财带来的乐趣。王戎本应该是钱财的主人，到头来却为钱财所奴役、所支配，成了钱财的奴隶，这难道不可笑吗？王戎沦为了钱财的奴隶，还有些人沦为了知识的奴隶。外表看起来他们都是博览群书、学富五车、才高八斗之人，凡论经时都能说得一环一套，讲得一板一眼，只不过一到实践的时候就不知所措，到处碰壁以至头破血流。伯乐以相马而著称于世，他依照自己相马的亲身经历写就了一部《相马经》。伯乐的儿子看过这部书之后，兴奋不已，误以为自己也会相马了。他开始出门寻马相马，结果最终他相回来的只是一只大蛤蟆。伯乐见了之后哭笑不得，问儿子是怎么相马的。儿子说："你写的《相马经》中不是说，骏马的特征是高脑门、大眼睛、蹄子像摞起来的酒曲块吗?"

得道者一任天机

绳锯木断，水滴石穿，学道者须加力索；水到渠成，瓜熟蒂落，得道者一任天机。

译文

很细的绳子可以锯断木头，滴水可以滴穿石头，同样的道理，修道之人只要肯认真努力，也定会有大成就；所谓水到渠成，瓜熟蒂落，一切都是自然规律，想领悟道中真理，也需任运自然，靠天赋的悟性来领悟。

解析

中国古代历史上提到勤学苦练的例子很多，譬如"头悬梁"、"锥刺股"等故事可以说是家喻户晓，妇孺皆知。

南宋时期的陶宗仪，字九成，浙江黄岩人。南宋灭亡，元朝开国时，陶宗仪为了避难曾隐居华亭，以种田为生。尽管那时候的陶宗仪日日以种田耕地为生，但他仍未放弃著书立说。日日下地耕种时他都会带上文房四宝，还在旁边的大树底下放一只大坛子。劳作之余一想到什么问题或是有了什么心得，他就立马用笔墨记下来，再一点点放进边上的大坛子里。就这么日复一日，年复一年，大坛子就这么一点点被装满了。随后陶宗仪再将自己平时的这些想法整理编撰为册，书名为《南村辍耕录》，这部书一度成为研究宋末元初历史最重要的书籍。此外陶宗仪还作了《说郛》一书，这部书对后世的影响也非常大。

物贵天然，人贵自然

意所偶会便成佳境，物出天然才见真机，若加一分调停布置，趣意便减矣。白氏云："意随无事适，风逐自然清。"有味哉，其言之也。

心中偶得的领悟才是最美妙的境界，事物只有遵循自然规律生长才会显出最真的趣味，此刻若是增一分人为的安排布置，此趣味就会消减不少。白居易曾有诗云："意随无事适，风逐自然清。"这句诗其中的韵味很值得体味，实际上说的就是前面几句话的道理。

物贵天然，人贵自然。老子一向都强调为人处世要无为，那便是要求听由自然规律，无论做什么事都不要有过多的人为干扰，一切听凭自然发展。而且他还认为自然无为才是最终的审美标准，凡是违背自然的东西都不美，都是丑陋的。

孔子的孙子中有个叫子思的，一次他前去晋见齐王。齐王的嬖臣美须秀眉，分别站在两侧，齐王笑着指着他们说："若颜貌可以互换，寡人不惜以眉须换与先生。"子思听后回答："这可不是我所希望的。我希望君王修礼义、富百姓，使我能寄妻儿于齐国境内。昔日尧帝身长十尺，眉生八彩，是圣人；舜帝身长八尺，有奇貌，无须，也是圣人；禹汤文武及周公，或臂折，或背偻，同样是圣人。人之贤圣在德，岂在乎貌？我只患德之不昭，不病鬓毛之不茂。"无论是谁的外貌多是自然天成的，怎么能随意地被人为所造作和修为？从老子的观点来说，普天之下能修为的只有"德"。

所谓物贵天然，人贵自然，任何不加雕饰造作的自然境界，就是事物最本真面目的体现吧。这只能从意义上去抽象地理解，却不能从具体形式上进行任何模仿。

心无物欲，自然入境

心无物欲，即是秋空霁海；坐有琴书，便成石室丹丘。

 译 文

心中没有对功名利禄的无限欲望，就如同是秋高气爽的天空以及放晴后的海面一般的辽阔明朗；闲来无事有琴书相伴，生活便同居于山中的神仙一样的逍遥快活。

解 析

《庄子·外物》中有一段话很耐人寻味。庄子曾提到，眼睛敏锐称为明，耳朵灵敏称为聪，鼻子灵敏称为膻，口感灵敏称为甘，心灵透彻称为智，聪明贯达称为德。道德都不希望有所堵塞，只要一出现堵塞就会有梗阻，梗阻不利于排除障碍，反倒会出现相互践踏，而在这相互践踏中祸害就会因此而起。物类依靠气息来感知一切，若是气息不盛，那事物就感受不到，而这绝不是自然天赋上的过失。自然的真性情贯穿于万物之间，昼夜不停，只是人们却堵塞了自身的孔窍。人们的腹腔因为有空间才能容下五脏且怀藏胎儿，清空了自己内心的所有堵塞才能无拘无束自由地游玩。屋里少了虚空感，婆媳之间就不会因此吵闹不休。要游心于自然，首先要保证内心不虚空，那样的话，各种感觉才不至于出现纷扰。

人生百年，不枉此生

天地有万古，此身不再得；人生只百年，此日最易过。幸生其间者，不可不知有生之乐，亦不可不怀虚生之忧。

译文

天地能万古长存，人的生命却始终有限，失去就不能再获新生；人生光景不过百年，很容易就已经逝去。有幸生活在人世间，不能不知道生命的乐趣所在，更不能让自己虚度时光。

解析

史学家司马迁从小就受到父亲的影响，熟读经书，对古籍更是了然于心，20 岁就已经游遍全国，遍访了全国各地的名山大川、风土人情，也访遍了前人轶事掌故。司马迁后又继任太史令，借由此机会来博览朝廷藏书和档案典籍。太初元年司马迁遵照父亲的遗志开始着手编撰一部规模宏大的史学著作。正当司马迁专心编撰史书之际，一件不幸的事情发生在了他的身上。司马迁因为牵涉到李陵的案件中而被处以了宫刑，还被投入了监狱。司马迁尽管出狱后被任命为中书令，但这个职位历来都是宦官担任的职务，对于普通的士大夫来说是极大的屈辱。司马迁在狱中时，他的朋友任安曾给他写过信，信中表示自己对司马迁的举动很是不理解。对此司马迁回答说："我不惧怕死亡，人固有一死，或重于泰山，或轻于鸿毛。现在我若是死了，和一只蝼蚁死了没什么区别。我之所以忍辱负重，只是因为父亲的愿望还没有完成，我编撰的史书还没有写完。从前，周文王被囚于羑里时推演出了《周易》，孔子也是在困于陈蔡的时候才作出的《春秋》，屈原的《离骚》更是在他被放逐江南的时候才写就的，左丘明失明了以后还完成了《国语》，孙膑的《兵法》也是在自己被削掉膝盖骨之后才完成的，吕不韦更是在被贬于蜀地后才作出了《吕氏春秋》，韩非子的《说难》等著作都写于拘禁于秦的时期。这么多仁人志士都在自己最困难、最危难的时候有了这么大的成就，作为后世者更要效法这些仁人志士，去完成我未完成的史学著作。到那个时候，我的书就可以抵偿我的屈辱，到那时即便是碎尸万段我也没什么好追悔的了。"20 年以后，司马迁最终完成了为后世人所称颂的《太史公书》，这就是后世称为《史记》的史学著作。《史记》是中国第一部规模宏大、结构谨严、体例完备的纪传体通史，它所记载的历史自黄帝至武帝太初年间足足三千多年的历史。在撰写《史记》的 20 年间，司马迁可以说是忍辱负重，那种痛苦很难为人所知，但同样也是这份痛苦成就了司马迁。

兢业心思，流露潇洒

学者有段兢业的心思，又要有段潇洒的趣味。若一味敛束清苦，是有秋杀无春生，何以发育万物？

治学之人要有专心致志做学问的心思，小心谨慎，尽心尽力，但同时又不拘于小节，大度洒脱，不呆板、不拘束，拥有自然潇洒的情怀，这样才能体会人生的真趣味。一味收敛约束自己，过着清苦的生活，人生势必如秋风的肃杀，少了春天的生机勃勃，又何以能滋育万物成长呢？

古人讲求学以致用。一心想追求高深学问的读书人，日日都兢兢业业地苦读，这种精神固然是奋发进取的，只是想来多少都少了点读书以外的潇洒滋味。宋代著名的女词人李清照，自小生长在官宦人家，幼时就爱读书、练字、作画、吟诗。李清照尤其喜欢户外游戏，对大自然十分热爱，她自己曾说过："水光山色与人亲，说不尽，无穷好。莲子已成荷花老，清露洗，苹花汀草。"正因为她有着热爱自然的美好情怀，才奠定了她文学生涯的基础。宋代文学因为有了李清照才有了一抹清新之风，即便是在中国文学史上，李清照也是个响亮的名字。治学之人，严谨的治学态度自然是不可少的，还要有缜密的思维、勤奋刻苦的态度，也要有潇洒脱俗的胸怀，不拘泥于小节。一个人只会读书，不懂得做事，只会变成毫无生机、死气沉沉的模样。如果不为自己保留一定的生活情趣，那就纯粹像个不食人间烟火的天外来客，又何来学以致用呢?

安身立命，淳厚善良

水不波则自定，鉴不翳则自明。故心无可清，去其混之者而清自现；乐不必寻，去其苦之者而乐自存。

水面如果不起波澜就自然而然会平静下来，镜子要是没惹上尘埃就自然会干净明亮。所以说，要追求心灵的清澈明净不需要刻意去做什么，只要去除了杂念，清者自现；快乐也是如此，不用刻意去追求，只要远离痛苦和烦恼，自然而然就会感到快乐到来了。

《孟子·尽心上》中提到，充分扩张自己善良本真的心性，就会很容易明白人的本性是什么。了解了人的本性的话，就可知天命为何。所以保持最初的本性，这本身就是对待天命最佳的方法。生命有长有短，不论如何都不要三心二意，只等着修养身心，安知天命，这便是安身立命的最好方法。所以简单说，修身之道只在于如何让人重回淳厚善良的天性罢了。

庄子在《刻意》中说道，天地赖以均衡的基准在于恬淡、寂寞、虚空、无为，同时这也是人们道德修养的最高境界。除此以外还提到，圣人的问世就是顺应自然而运行的结果，而他们离世和其他万物一样变化而去；平静的时候就好比阴气一样沉寂，运动起来却和阳气一样波动。不愿意成为幸福的先导，却也不成为祸害的发端，外有所感且内有所应，因为有所逼迫才能有所行动，只在不得已而后兴起。彻底地遵循自然规律，抛去智巧与经验。这样一来没有了自然灾害，也没有了外物的拖累，少了旁人的非议，更没有鬼神的责难。圣人们来到世间就好比是漂浮在水面一般，离开人世更是像疲劳后的休息一样。他们思考却不曾谋划，光亮却不刺眼，信实却不期求。圣人们睡觉时不做梦，醒来后不感到忧患，身心都非常纯净精粹，灵魂也从未感觉到疲惫。他们虚空且恬淡，并由此符合了自然的真性。

庄子所主张的道德修养最高境界就是这八个字——恬淡、寂寞、虚空、无为，在他的理论当中虚空和恬淡才是"合乎自然的真性"。要真正达到这个最高境界，内心的烦恼就一定要排除掉，远离了烦恼和痛苦之后才能"云去月现，尘拂镜明"，才会有最高尚的追求，自然的真性才会自然得以呈现。

内心莹然，不失本真

夸逞功业，炫耀文章，皆是靠外物作人。不知心体莹然，本来不失，即无寸功只字，亦自有堂堂正正作人处。

译 文

炫耀自己的丰功伟业，或是自己所写的文章，这种做法都是要依靠外物来彰显自己。殊不知其实只要心地善良，且保持洁白如玉石一般的心境，自然不会失去本性，即便没有任何功业，也不曾写过任何文章，都能成为一个堂堂正正的人。

解 析

孔子曾赞扬自己的学生子路，他觉得子路即便是衣衫褴褛，和那些衣着光鲜的人站在一起也没有必要自惭形秽，而这世间应该只有子路一人能做到这一点了吧。相反的是，有不少尽管有着很高的志向，但始终为自己吃穿不好而感到害羞的人就很不值得一提了。孟子说："说大人则藐之。"曹植说过："左顾右盼，谓若无人，岂非君子之志哉！"更有左思的诗句说道："贵者虽自贵，视之若尘埃；贱者不自贱，重之若千钧。"古人的这些说法都在告诫大家无论在什么面前，都要彬彬有礼，却没必要总是自卑、胆怯。因此先要有充分的自信，尊重自己，尊重他人。这样才不至于自贱自羞，也不至于对他人产生忌妒等负面情绪，才可以堂堂正正地立于天地人群之中。

据说，子路是个"卞之野人"，自小就在乡村长大。当时乡下人的生活要求就是顾好自己的温饱，除此以外就再也没有其他的非分之想，性格淳朴的他们也不至于因此有种种丑态。子路后来又有了孔门的教育，也就形成了自重自强的人格，这一点对于很多人来说都是很大的教育启示。

登高望远，神清意远

登高使人心旷，临流使人意远。读书于雨雪之夜，使人神清；舒啸于丘阜之巅，使人兴迈。

译文

登高望远自然能让人心旷神怡，靠近流水则能使人意境深远。在有雨雪的夜晚读书，人难免也会感到神清气爽；在山顶上仰天长啸，就会感到意气风发，无比振奋。

解析

范仲淹曾在岳阳楼上举着酒杯远眺，此时他感到无比心旷神怡，于是就有了后世闻名的"先天下之忧而忧，后天下之乐而乐"的感叹。荀子也曾说过，自己踮起脚尖企图远望，但看到的仍不及登上山顶所看到的景色那样广阔无垠；自己还伸出手臂站在高处打招呼，即便手臂还是原来的那么长，但远处的人也因此看得见；自己还曾经顺着风的方向大声呼喊，尽管音量还是原来的音量，但远处的人都听得一清二楚。孟子也说过："孔子登东山而小鲁，登泰山而小天下。"圣人们皆有登高望远的胸怀，这是后天修德而得来的结果，道德修养、情操陶冶给了他们胸怀家国、高瞻远瞩的心胸。因此只有登高望远，才能"意远"、"神清"、"兴迈"。

二月

行于世，存方圆——为人立世长慧心

君子志在山林泉石之间，却始终要心系庙堂。君子要防谗言，防止奸佞小人作恶，恩怨却不记于心，这才是君子的至高节操。至高不同于清高，逍遥自在的目的在于超然于心，大隐隐于市，隐者之心隐则不隐。

浓艳枯寂，皆非君子

念头浓者，自待厚，待人亦厚，处处皆浓；念头淡者，自待薄，待人亦薄，事事皆淡。故君子居常嗜好，不可太浓艳，亦不宜太枯寂。

 译 文

热情的人才能善待自己，也能宅心仁厚地对待身边的其他人，他们对每个人的态度都很是热情，很是讲究；相反，冷漠淡薄的人，往往对自己都很是苛刻，对身边的人亦是如此，凡对人、凡对事都很是枯燥无味、了无生趣。可见，一个真正有修养的君子，在待人接客上，既不会过分热情奢侈，也不会太过冷漠吝啬。

 解 析

待人处事是讲究辩证法的。日常生活当中，一个人在待人接物方面，无论是宽厚还是淡漠都要找到一个合理的平衡点：若是过于宽厚，就会浪费过度；如果太过淡漠的话，又会变得太吝啬。人都有七情六欲，现实生活中的种种是是非非也都需要人们去判断，这就要求待人接物必须掌握好一定的度，这样做人才会合群受敬。因此在待人接物时，心中要时时有一把准确的尺子，用来衡量自己的态度，凡事过犹不及，过了和不足都是不对的。

得意时回头，失意时莫停手

恩里由来生害，故快意时须早回首；败后或反成功，故拂心处莫便放手。

得到恩惠的时候很容易因此招来祸害，须知道，得意的时候就要早点回头；遭遇失败挫折时，不用气馁，这些逆境有利于推动成功，因此心气不顺的时候，切勿轻易放手。

从古至今人们的生活经验证明，得意时别忘形，失败后别气馁，这才是经验之谈。我们常常能听见"功成身退"的说法，"功成身退"大多是因为"功高震主者身危，名满天下者不赏"，"弓满则折，月满则缺"，"凡名利之地退一步便安稳，只管向前便危险"。这些都证明了"知足常乐，终生不辱，知止常止，终身不耻"。张良、范蠡等人就是古代功成身退、急流勇退的经典例子，后人都为此感叹称赏。秦代宰相李斯为秦国立下了汗马功劳，却最终身亡，曾发出了"出上蔡东门逐狡兔，岂可得乎"的哀鸣。西汉吴王刘濞等人发动的"七国之乱"，其根本原因就在于刘濞等人利欲熏心，贪求权力和地位，最后七国之王个个都惨遭灭门。就做人而言，胜不骄败不馁就是基本的做人原则。再来看看前面说的那句话的后半句，生活意义的气息更为明显，俗话常说失败乃成功之母，受挫是人生路上不免要出现的，但最重要的是受挫之后也不必气馁。

不独美，莫推责

完名美节，不宜独任，分些与人，可以远害全身；辱行污名，不宜全推，引些归己，可以韬光养德。

译文

完美的名声和高尚的节操，不能仅仅是一个人独有，还应与他人一起分享，这才会远离他人的忌妒，远离灾祸；屈辱的行为和污秽的名声，也不能全部推给他人，应将其中的一部分归罪于自己，主动承担起责任来，才能韬光养晦，修养自身品德。

解析

做人不能只要美名，害怕承担责任，这是不对的。正确的人生态度应该是勇于担当，承担一定的责任和义务。历史上有伟大功绩的人，都会招来他人的忌妒和猜忌。譬如汉代的张良，正是在汉代开国之后明哲保身，全身而退，这才保全了自己的性命，可见君子须明了居功之害。有了好事就一定要想着与人一起分享，所谓"独乐乐不如众乐乐"，这才不致招来他人的怨恨和忌妒，甚至杀身之祸。高尚完美的名节的反面就是道德败坏，行为不检点。人人都喜欢美誉，讨厌污名，因为污名会毁坏个人的名誉。尽管如此也不能把责任都推到他人身上，必须要自己承担自己必须承担的那一部分，这样才显出个人的心胸宽阔。道德涵养高的人才最完美，才清新脱俗。

原初心，观末路

事穷势蹙之人，当原其初心；功成行满之士，要观其末路。

事业上屡遭挫折、事事不顺的人，要体谅其初衷是为了奋发进取；事业成功，已功成名就的人，也不能只看现在，要观察他能够顺利地走到成功的终点。

人生在世，成功和失败都是无法预料的，因此生活当中，有成功的人，也就有失败的人。成功者的头上有耀眼的光环，而失败者只能品尝挫折的滋味。但我们不能单纯以成败论英雄，失败了并不可怕，无论是谁都要静下心来客观地对待失败者，多多考虑他们在创业之初的初衷和辛劳，想想当时的他是不是曾经也真诚地面对过自己的事业？俗语说"好的开始就是成功的一半"，说的其实就是要观察一个人做事的出发点，如果出发点对了，事业成功的概率就增大了。"失之毫厘，谬以千里"，一时的得失，就可能会决定一个人一辈子的成败。失败后要能善于总结的话，失败就能促成成功的出现。同样地，一个功成名就的人，要是不懂得珍惜自己已经取得的成就，最终也会身败名裂，这不得不让人心生惋惜。还有一种人尽管成功了，但他的成功与自私自利的做事方式有关，那他的成功本质上就是另一种失败，最终也走不到成功的终点。

志在林泉，心系庙堂

居轩冕之中，不可无山林的气味；处林泉之下，须要怀廊庙的经纶。

身居高位、享受厚禄的人，不能不了解隐退的淡泊气息；隐居山林清泉的人，也应当胸怀社会，了解朝野之事。

古代的中国知识分子在儒、道两家思想的巨大影响下，对待人生的态度常常变现为两个矛盾的观点：一方面他们有积极入世的愿望，只为实现自己的理想抱负；另一方面又渴望真心出世，细细品味林间的情趣。这彼此矛盾的两种心态在中国古代知识分子的身上有机地统一在了一起。因此很多位高权重的人即便身居高位，始终保持着几分山林雅趣，这显然是有利于缓和过分追名逐利的紧张心态的。提到出世，本身就有真出世和假出世两种，假出世的心态不过是借由出世的名义来追逐名利罢了，只有那些真出世的人才会真心归于隐退，不屑争权夺利、尔虞我诈。倘若能做到归隐山林的气节，那就必然会体会孔子所说的"富贵于我如浮云"，也只有在这时才能领悟到林泉山间的乐趣和哲理。不过，真出世和假出世都有同样的不在其位而谋其政，且对国家大事样样关心的现象。就算是在山林之间过着闲云野鹤的生活，也还是会惦记着国家兴亡之事。古代如此，现代更是如此，人们参与社会生活的意识更加强烈，表达自己意愿的方式也越来越多。只不过，现代中国人仍然受到了传统"志在林泉，胸怀廊庙"的思想的影响，在快速发展的社会中，把自己局限在自我的小天地里是不够的，还要学会在社会当中享受个人生活乐趣。

不必邀功，不求感德

处世不必邀功，无过便是功；与人不求感德，无怨便是德。

处世不要总是费尽脑汁去追名逐利，有时候只要没有过错就是最大的功劳了；对人施恩别总是渴求他人对自己感恩戴德，有时候只要没有怨恨就已经是最好的回报了。

解 析

俗话说"无功便是功，无怨便是德"，这话的意思并不等同于大家通常说的"多做多错，少做少错，不做不错"的消极想法，反而是一种积极的、设身处地为他人着想的精神。真正意义上的给予，绝不是小恩小惠，必须完全地奉献自己、牺牲自己。对人施恩就要他人对自己感恩戴德，那不是真正的给予，而是贪得无厌。给予别人，首先要照亮他人，奉献自己。多多奉献自己，少点向他人索取，不去强求不属于自己的东西，要知道这么做只会适得其反。从这个意义上讲，凡不邀功的人都可以保持自我，而不被功利所迷惑，才会把奉献、给予作为自己所追求的最高境界。

居安思危，守静养默

居卑而后知登高之为危，处晦而后知向明之太露，守静而后知好动之过劳，养默而后知多言之为躁。

在低处时，才会知道登高的危险，身处昏暗的地方，才会知道太亮的光线会伤眼，处于平静之中，才会了解到处奔波的辛苦，保持沉默，才会明白言多必失，太多话会烦躁不安。

这句话当中提到了卑尊、晦明、静动、默躁间的对比，意在强调人在有所作为以后要学会逆向思维，站在事情的反面来思考和观察人生，毕竟人生的体验是多层次的、多角度的，需要多方面体验人生才行。身居高位的人容易得意忘形，总被物欲所迷惑而表现出不自觉。有朝一日从高处跌落的时候才知道身处高位的危险，就已为时过晚。对比会给人带来不同的人生体现。很多人在自己得意的时候就会把危险忘得一干二净，实际上那些所谓的得意，当自己冷静下来思考的话价值又何在呢？很多事情都不能强求和造作，体验太少，很多事情是看不明白的。人们常说："当局者迷，旁观者清。"只有多找几个角度才能看清事情本质。所以别忘了提醒自己在思考时要面面俱到，取得成就时也要从不同的角度居安思危，眼光放得长远，思考问题才能由此及彼、由近思远。做人就应当如此，荣辱明暗都是一时的，别因此过分封闭自己，或感到自卑或自傲。

适时知退，利让三分

人情反复，世路崎岖。行不去处，须知退一步之法；行得去处，务加让三分之功。

人间情感变化无常，人生道路也是崎岖不平。当人生道路行不通时，并不是山穷水尽，要知道退一步可能就会海阔天空；即便不是行不通的地方，也要懂得予人三分便利，才能真正一帆风顺。

谦让是为人处世中很重要的一个原则，处处都争强好胜，事事都要强出头，不一定能把想做的事情做成，尤其是难以行得通的时候就要懂得后退一步能海阔天空。尽管是得意的时候也要记得与身边的人一起分享功劳，居功自傲、得意忘形的姿态要不得。人类情感是非常复杂的，有时候现在感觉美的事物明天看来就是丑的了，今天认为可爱的事物过一天就会认为可恨。当年韩信就曾尝过这其中的辛酸。人生路上有各种挫折和困难，这就需要人们用高度的谦让美德来克服一切的苦难，一旦行不通的事情就不要勉强自己。简单说，人生之路高高低低，曲折坎坷，要尽量鼓足勇气向前行。在事业飞黄腾达的时候，也别忘记身边那些困难的人，这样可以帮助自己消除不少隐患。知退一步之法，明让三分之功，不仅仅是一种谦让的美德，更是在社会里安身立命的重要方法。

若要人不知，除非己莫为

肝受病则目不能视；肾受病则耳不能听。病受于人所不见，必发于人所共见。故君子欲无得罪于昭昭，先无得罪于冥冥。

肝脏要是得了病，眼睛也会跟着看不见东西；肾脏要是得了病，耳朵也会跟着听不见声音。疾病的根源一般都在人们看不见的地方，但是表现出来的症状却一般都十分明显。所以说，君子若是要看起来毫无过错的话，那必须先在不易察觉的暗处不犯错误。所以正人君子要想在明处不表现出过错，那么就要先在不易察觉的细微之处不犯过错。

古人认为的修身主要是完善自我道德，简单说就是要做到问心无愧。人要真正做到毫无过错的表现，关键还在于内心，内心不能犯错是根本。不要天真地认为在黑暗中所犯下的错误，只是天知、地知、你知、我知。世上没有不透风的墙，只要是犯下了错误就不可能做到一点都不显现。儒家在教人修养品德时，第一个要注意的就是慎独。所谓慎独，就是指要在他人看不见、听不见的情况下，也能够保持自己的道德水准，不做出任何见不得人的坏事。这是君子最让人佩服和敬仰的地方。修养品德若只是给自己披上一件道德的外衣，却没有真正从内心开始修为的话，那充其量只能算是伪君子。只有从本质上具备了优良的品质，才会远离祸患。

与其练达，不如纯真

涉世浅，点染亦浅；历事深，机械亦深。故君子与其练达，不若朴鲁；与其曲谨，不若疏狂。

译文

涉世未深的人，也不致沾染上太浓重的不良社会风气；资历深、阅历丰富的人，心思也就比较复杂。因此，君子与其做心思复杂且通晓人情世故的人，不如敦厚淳朴一点；与其谨小慎微，曲意迎合，不如更坦荡一点，大方一点。

解析

刚刚踏入社会的人，第一个要面对的问题就是如何适应社会。毕竟对他们而言，处世的经验还不够丰富，尚未为浮世的恶习所沾染，即便是沾染了一些不好的社会风气，也不致太深，通常他们都保留着纯洁天真的本性。只有历经了各种世事的洗礼，阅历渐渐丰富起来的人，心思可能也会随之变得复杂。社会本来就是一所没有围墙的大学校，人生更是一个大舞台，资历深的人从成功和失败中所获得的经验，能够协助他们处理后来出现的种种问题。经验也不全然都是好的，也有好有坏。如果从正面的经验中汲取知识的话，那就会有正面的帮助；若是经验本身就是负面的，那所得到的结果也会是负面的。有些人会从消极的或是不好的方面去积累经验，而这些都会给他们的品格造成质的变化。他们会因此心生歹念，开始做坏事。就这个角度来讲，君子遇事不要求都要老练，更要求要保持淳朴守拙的忠厚作风，凡事都太过圆滑和刻意讲究，就会失去本性，最后变成一个老奸巨猾、不受他人欢迎的人。反倒是什么修饰都没有，才看起来更能有纯朴的面目。心思复杂与淳朴，曲谨与疏狂都是相对的两种态度，一味在利益的争夺当中尔虞我诈，实在不是君子所为。多一点点真诚，多一点点朴实，多一点点洒脱，这才是真正可贵的。

一念不生，遍逢真境

人心多从动处失真，若一念不生，澄然静坐，云兴而悠然共逝，雨滴而冷然俱清，鸟啼而欣然有会，花落而潇然自得。何地非真境，何物无真机？

译 文

心之所以失去纯真，大多是因为太过容易浮动而导致的，若是内心一点妄念都没有，只是平静地静坐着，看天边云起云舒，用清冷的雨滴洗涤自己内心的尘埃，再从雀跃的鸟鸣声中领悟自然界的奥妙，心境也能随着落花缤纷而感到潇洒自得。那何处不是人间仙境，何处没有人生真谛呢？

赏心悦目、怡情养性的事物生活中比比皆是，根本之处在于人们能不能发现和领略其中的真谛。其实任何人的真心都是相当的，这和人的道德品格差异没有关系，不论是凡夫俗子还是圣贤之人。之所以他们有区别，就在于凡夫俗子常常因为一念之差而丧失了发现生活中真性情事物的机会，若是没有这般念头，所有的善恶邪正尘埃都不会起，内心也就宛如一摊平静的池水一般澄清宁静。一旦内心保持澄清宁静，生活中的一切都会显出无限佳趣。生活其实很奇特，就凡人来说，往往强求的东西都得不到，只有听凭自然的事物，反而会送上门来。当然送上门来如果还能依旧内心平静如水，不欣喜若狂，生活就会变得十分美好。

设身处地，相观对治

人之际遇，有齐有不齐，而能使己独齐乎？己之情理，有顺有不顺，而能使人皆顺乎？以此相观对治，亦是一方便法门。

人一生的际遇或有幸运，或有不幸，各人所处的境况不尽相同，在这种情况下，又怎能独求一己的幸运或是与他人相同的幸运呢？一个人的情绪有高有低，有平静的时候，也有烦躁的时候，不同的人的情绪也各不相同，那又怎能要求人人都心平气和呢？以此法来扪心自问，将心比心反思自己，却也是一个不错的为人处世的好方法。

不同的人有不同的精神状态，所谓"人心不同，各如其面"。一般来说，一个人的财富、地位和健康都会成为影响情绪的主要因素，要这些方面面面俱到实在是件非常困难的事情，要不然俗话不会说"人生不如意事常居八九"，说的便是这个意思。事业的成功先要有自己的主观努力，另外客观的机遇也是不可或缺的因素。孔子都曾经感叹"死生有命，富贵在天"，这个观点并不是悲观被动的宿命论，而是劝世人当机会未到之时切勿太过纠结。一个修身自省的人，总不能因为个人的"顺与不顺"、"齐与不齐"来要求别人，而是要设身处地地从别人的情绪、机遇来反省自己，这才能更明白事理，提高修养。

保持己见，不信谗邪

闻恶不可就恶，恐为谗夫泄怒；闻善不可即亲，恐引奸人进身。

译文

听闻他人有恶劣的行径，不能因此就厌恶他人，要细细地去判断和观察，看看是否有人故意诬陷；听闻他人有善行，也不要轻易去相信他，还去亲近他，以免奸人以此为谋求利益的手段。

解析

生活和工作中，有一部分人喜欢打听他人的是是非非，比如说某某人如何如何好，某某人又如何如何不好，这样一来就形成了一个利于是非小人、长舌之人生存的环境。想在事业上有所作为的人，这是大忌。在识别人才方面，孟子有段著名的论断，说的是"左右皆曰贤未可也，诸大夫皆曰贤未可也，国人皆曰贤然后察之，见贤焉然后去用之；左右皆曰可杀勿听，诸大夫皆曰可杀勿听，国人皆曰可杀然后察之，见可杀焉然后杀之，故曰国人杀之也"。人生在世，有所为有所不为，不管从事什么职业，第一要义是要懂得识别人才，任人唯贤。而识人用才的关键又在于自己是否具备分辨善恶的能力，是否有立场原则，让自己客观地去观察、去思考，这样才不会人云亦云，宠信奸小。

安贫乐道，权门不沾

公平正论不可犯手，一犯则贻羞万世；权门私窦不可著脚，一著则玷污终身。

大众公认的行为准则，不可轻易去触碰，一旦触犯了，那就将遗臭万年，留下永远的耻辱；权贵之家但凡徇私舞弊，千万不要去插一脚，一旦涉足了，一世的英名就因此被玷污了。

但凡身处在社会中的每个人都有自己为人处世的原则，正直的人处世的原则是正直的。有操守、有气节的人，不轻易去攀附权贵，宁可牺牲自己也不会牺牲气节和操守。只有那些平时习惯于尔虞我诈的人才会奉承达官贵人，正直的人的原则和此类人的价值观念始终格格不入。正直的人不会违背公德、触犯国法，他们所坚守的操守和气节就注定了他们不会这么做。不攀附权贵，奉公守法，这是正直的人的行为准则，他们就不可能以坑害社会的方式来发家，依靠污损他人来致富，安贫乐道才是他们的原则，利于他们保持清白的人格。

爱恨非钱财能买

千金难结一时之欢，一饭竟致终身之感。盖爱重反为仇，薄极反成喜也。

以千金馈赠他人，也不一定能打动他人，并以此换取一时的欢喜，反倒是有时候一顿饭的恩情会让人终身难忘，深深感激。毕竟有的时候过分关爱也会招来仇恨，一点点微不足道的爱心倒很是容易得人欢心。

感情是用钱买不了的，真想要帮人忙的话就要在人们最需要帮助的情况下伸出援手。韩信曾对刘邦的"一饭之恩，终身不忘"，从此全力协助刘邦攻打天下，也一直记住刘邦过去对自己的恩惠，不敢背叛刘邦。生活当中普遍存在爱恨的事情，俗话说"身在福中不知福"，被爱包围的人一半都不自知，一点点不如意的事情却会被人当作反目成仇的例子，后者的情况却不少见。人的一辈子交织着爱爱恨恨、反反复复。

君子须戒清高偏激

山之高峻处无木，而溪谷回环则草木丛生；水之湍急处无鱼，而渊潭停蓄则鱼鳖聚集。此高绝之行，偏急之衷，君子重有戒焉。

山高险峻处一般都没有太多的树木能够在那里生长，蜿蜒曲折的溪谷之处却草木丛生；湍急的水流处鱼儿无法停留，大量的鱼儿只会聚集在平静的深水潭下。可见，太过清高的行为、太过偏激的心态，都不是一个有德行的君子应该有的行为，必须引以为戒。

解 析

伟大在平凡中诞生，在平凡里出现的伟大人物是真正伟大的人物。细微之处才能见真才德，由点点滴滴做起，在大是大非面前彰显高尚的品德。一般而言，自命清高、孤芳自赏的人都属于"高绝之行，褊急之衷"之辈，君子绝不能有这样的行为。德行高的人和已建立了丰功伟业的人通常都不怕孤独，他们知道真理只掌握在少数人的手里，就仿佛是出淤泥而不染的莲花，看起来非常寂寞，却格外醒目。耐得住寂寞不是要把自己束缚在空中楼阁当中，或是把思绪永远都停留在理想世界，人是无法脱离现实生活而存在的。

明功过，掩恩怨

功过不容少混，混则人怀惰堕之心；恩仇不可太明，明则人起携贰之志。

译 文

功绩和过失切勿将其混淆，一旦混淆了之后，人们就会因此感到倦怠，且从此失去上进心；恩怨和仇恨也不能表现得太过明显，表现太明显了就会让人们有疑心，有背叛的冲动。

解 析

身处领导岗位的人，待人接物必须有两条原则要谨记：第一条原则是对人功过赏罚分明，对自己则要严格要求，避免太过明显地表现出恩怨和仇恨，可免去他人对自己的怀疑。就一个领导者的角色来说，要时时记住功赏过罚。推动部下努力的主要诱因就是合理赏罚。一个少了工作诱因的人，他就会缺失必要的工作情绪。一个团队中如果只有一两个人是这样的话，那还不是很要紧，要是整个团队都有此消极的表现，那团队的前进动力就会受到极大的影响，团队的发展也会因此停滞不前。所以说赏罚分明是推动整个团队进步的重要动力。历代皇帝要打下天下都要论功行赏，这都是为了调动满朝文武的积极性。现实当中，人们还需要克己，还需要讲究方式方法。做人的根本原则就是恩怨分明，还要懂得忍耐，这么做的目的就在于勿显己之恩仇，以免伤害团队的合作团结。

谦和谨慎，不恃才傲物

节义之人济以和衷，才不启忿争之路；功名之士承以谦德，方不开嫉妒之门。

译文

品行高尚的人在调和时需用谦和和诚恳的品质，这才避免了引起激烈纷争的隐患；功成名就的人借助谦恭和蔼的美德来保持自己的功名，这才不至于给人留下忌妒的把柄。

解析

做人切忌不能以一技之长恃才傲物，看到了自己一方面优秀的成果，不能就因此忽略另一方面随之而来的缺陷。性格刚强的节义之士对待问题的时候就非常容易偏激。性格刚强是长处，但是看问题偏激就是短处了。为了扬长补短，平时就要培养自己温和地对待人和事的习惯，注意缓和激烈的个性，确保自己和他人保持良好的人际关系。身份地位较高的人更是要避免做人高调，以免树大招风，尽可能地保持一种谦恭和蔼的态度，事业发展才有可能长久稳固。无论处在什么位置，我们都要保持谦和和谨慎，脱离复杂的人际纷争，腾出精力把自己应该做的事情都做完。

事后幡悟除痴性

饱后思味，则浓淡之境都消……故人常以事后之悔悟，破临事之痴迷，则性定而动无不正。

吃饱饭以后再去想想美味佳肴的味道，很多美味的体验都慢慢消减了，也就体会不出来了……因此，若是要用事发以后的悔悟心情再来给接下来将要发生的事情做一定的参考判断的话，势必会消除大多数的错误，而且还利于自己纯真的本性，行动上有了正确的原则，就不用担心会有不端出轨的行为了。

解 析

事后才想明白或是有了悔意的现象往往被人们称作是事后诸葛亮。避免这种现象大量出现，行动之前就要慎重地考虑，而不盲目行动，绝不做一时逞能的事情。在现实当中，人们往往不会在事情发生之前考虑后果，尤其是不好的后果。有些事情经过了才会懂得思考和醒悟，当然有时候难免会乐极生悲。所以有了"事悟痴除，性定而动"这样的经验之谈。世间很多事情都不能总是表现出过分的贪念，贪图享乐只会适得其反。只有遇事不慌，临危不惧，才能把事情做成。同样地，"行而不贪，做而不过"的水平，绝不是短时间就可以锻炼出来的，这需要一个艰辛的磨炼过程，掌握一套方法就要有这样的过程。这个过程要先正心去痴，先打破对愚痴和迷妄的执着。维持和稳定自我的本性只有这样的过程才能达成。须知，性定先要心定，行正先要心正。把自己培养到这水平以后，对待事物就不会只看好的一面，却忽视了缺点，也能让自己时时刻刻有一颗清醒的头脑，正确地做事。

真诚做人，灵活做事

作人无点真恳念头，便成个花子，事事皆虚；涉世无段圆活机趣，便是个木人，处处有碍。

为人要是一点点诚恳的念头都没有的话，就好比一个一无所有的乞丐，无论做什么事情都非常虚伪；立世也是如此，要是一点随机应变的灵活性技巧都没有，那便是个呆板的木头人，行事处处都会遇到阻碍。

解 析

一般情况下，那些华而不实的人会给人留下一个短暂的生动的印象，但这生动印象是长久不了的。心地善良的人或许一开始并没有给人太深刻的印象，随着时间的不断推移，他们在人群中的信任感会不断加强。事事都表现得不够诚恳，就会给对方留下油头滑脑的感觉，人们也就不敢与之在一起，更不敢同其一起做决定，这就会让自己注定一事无成。甚至是在竞争激烈的生意场中，一锤子买卖也是为人所不齿的。生意场中"诚信"是个最重要的原则，诚与善是做事的基础，灵活办事，具体问题具体分析，凡事要懂得变通。待人方面也要有人情味和幽默感，当事人有幽默感，会说上几句逗趣的话往往就会化解很严肃和尴尬的事，大家听完以后哈哈一笑，事情可能就解决了。实际上有不少事情换一种更为轻松的方式就可以了，或是此时不行换个时间再来做，灵活一点，事情就没有看起来的那么困难。现代社会不但要讲究做人的原则，办法的灵活程度也取决于个人。

就身了身，超越于心

就一身了一身者，方能以万物付万物；还天下于天下者，方能出世间于世间。

通过自身来领悟自己的人，就能让世间万物各尽其用；只有那些能把天下还给天下的人，才能出于尘世之中却超越于尘世之外。

世事变化皆无常，世间就好比是个由烦恼与劳苦彼此交织的火窟。如果不及时跳脱出来，就难以获得安乐。如若把这个道理应用到日常生活中，就不致总是感觉在忙忙碌碌中碌碌无为，能够从尘世中跳脱出来去考虑更多超越的问题，避免功名利禄的缠绕，让精神更加自由自在。

隐者不隐，省事心闲

矜名不若逃名趣，练事何如省事闲。

炫耀自己的名气所带来的趣味远不如逃避名声，与其在世事中训练自己，还不如省事来得悠闲自得。

老庄的观点一向都是无为，也就是出世哲学。相比之下，儒家则倡导的是入世哲学，主张要积极进取。此二者观点构成了古代士大夫的处世哲学：进则求取功名、兼济天下，退则隐居山林、修身养性。从老庄的出世哲学来看所谓的"隐者高明，省事平安"自然是对的，可是用儒家的思想来反观的话，这又是矛盾的。单纯从世俗的角度来说，人们通常认为"多做多错"，可是就隐者而言，功名利禄于他而言本身就是虚的，也就无所谓什么虚名了。因此自古就有"君子盛德，容貌若愚"的说法，说的意思便是有才华之人不轻易将才华外露，必须深谙韬光养晦之道，这才不致招来小人的忌妒。所以说，入世出世表面上看是一对矛盾的观点，但从本质上来说却是一致的。愚钝之人自身本无所谓隐退，修省之人隐居的本质也不是为了逃离世俗，只不过都是在求一种心态的平和，借着隐退的名号来求取安闲罢了。

自得之士，处处逍遥自适

嗜寂者，观白云幽石而通玄；趋荣者，见清歌妙舞而忘倦。唯自得之士，无喧寂，无荣枯，无往非自适之天。

译文

享受孤单的人，即便是看着天上飘浮的白云或是山间的幽石也能通晓其中的玄机；喜欢热闹的人，听到清丽的歌声或是看到美妙的舞蹈也会忘记自身的疲倦。唯独那些在平静中领悟人生真谛的人，少了喧嚣和寂寞的苦恼，也没有得志或失意的痛苦，无论何时何地都能让他感到自由自在。

出世要的就是从山林之间获得一种悠然自得的雅趣，不受役于任何外物，生活没有寂寞和喧嚣之分，更没有荣华衰枯的差异，何时何地均能感受逍遥自在，自由于天地之间。做不到这一点的人，就容易受到环境改变的影响，受到外界事物的诱惑，这就称不上是修得德行的人。当然这里说的是一种理想的生活状态。老庄之所以能提出无为，是因为他身处兵荒马乱的春秋战国时代，这些主张在那样的年代里应运而生。可是"无为"却成为了后世中国文化人和士大夫的一种崇高的精神追求，以此作为与世隔绝的生活理想。只是这种理想状态要真正在现实生活中执行还存在不小的困难，即便唐代有以隐居为终南捷径的典故，但真要让无为走向极端却是不可取的。

与世无争，恪守礼法

谢事当谢于正盛之时，居身宜居于独后之地。

在自己事业最高峰的时候，就要急流勇退，这样才能留给他人一个最圆满的结局，居家度日就要在清静之地，不与他人相争，这样才是真正修身养性的地方。

《论语·乡党》一篇当中记述了孔子日常生活中的言语、表情以及行为，其中的记载大多都谨慎守礼，里面不乏一些不贪、不骄、不苟且、不放肆的事实，不少内容融合了很多现代人生活的人情礼节价值。比如：孔子与乡亲、邻居相处时，在表情和态度上总是很谦虚随和，就好像自己是个不善言辞的人一般，从不炫耀自己的道德水平和学问。只有到了上朝值班时，即便态度仍很谦卑谨慎，但在关系礼法等大是大非的问题上，孔子绝对不会吝啬发表自己的意见，而且在这方面他表现得非常勇敢。孔子的表现与那些喜欢阿谀奉承、卖弄自己的人有着极大的差异。孔子乘车，都是规矩地坐在自己的位子上，从不左顾右盼，也不喧哗，更不指指画画。《礼记·曲礼》上还提到，孔子坐车，也从不随便咳唾。孔子的行为很有礼法，其中也包括遵守公德。在公众场合别只顾自己，而不顾他人，认为不文明的行为就是潇洒，还故意做出很多的丑态，实际上是在污染他人的生活环境。

超脱名利，物我两空

我贵而人奉之，奉此峨冠大带也；我贱而人侮之，侮此布衣草履也。然则原非奉我，我胡为喜？原非侮我，我胡为怒？

当富贵时，有的人对我表示敬重，实际上他们敬重的并非是我本人，而是我身上穿着的华丽威严的官服，宽大的绶带以及那高耸入云的官帽罢了；当我身处低位时，有的人就会轻视侮辱我，他们侮辱的也不是我本人，而是我身上的布衣和草鞋。既然他们敬重的对象本来就不是我，那我还有什么好高兴的呢？同样地，他们侮辱的只是布衣、草鞋，而不是我本人，那我又为何要恼怒呢？

解析

面对人世间的功名利禄，最好的姿态就是超脱。每个人都是光身空手入尘世，要是知道了这个道理，事事就都会看淡了许多，也就会对人间事的态度更加平和，就会进入人我两空的境界。事实上，人们之所以会去埋怨别人趋炎附势，或是见到其他人见利忘义的话，也证明了自己对名利的追逐之心还没泯灭。还有一些人处在人际交往的矛盾中难以自拔，说白了也是内心的名利思想在作怪。保持着追名逐利的心，就算是居高位，最终也会成为众矢之的；用名利之心来享受富贵，富贵也不那么单纯了，最终会变成烦恼之源。一旦自己陷入了名利场的泥淖中不能自拔，感觉自己除名利以外别无他求，那么期望越高就会失望越大。

不近恶事，不立善名

标节义者，必以节义受谤；榜道学者，常因道学招尤。故君子不近恶事，亦不立善名，只浑然和气，才是居身之珍。

爱彰显自己有气节的人，通常也会因为气节为他人所诽谤；爱标榜自己有道德和有学问的人，也时常会因为道德学问的问题遭到众人的指责。因此修德的人，不但不会为恶，也不会去争什么美名，只要实实在在地做到纯朴敦厚，才是在尘世中安身立命的重要法宝。

荀子在《荣辱》一书中说：无论是君子还是小人，在资质秉性、知识和能力方面其实差别并不大。不管是谁，都是爱好荣誉，厌恶耻辱，且爱好利欲，厌恶祸害的，这点人和人之间的差异并不大。只不过在求取荣誉和功名，以及在趋利避害的方法方面，君子和小人之间有着很大的差别。小人最经常做的就是荒诞不经的事，还要人家相信自己；总是在干欺诈他人的事，总还想着要他人亲近自己；行为举止如同禽兽一般，还想着他人要善待自己；心术不正、行动诡诈之人，自己本身的立场就很难站得住脚，最终得不到荣誉和利益是很正常的，受到屈辱和祸害也是必然。君子则不然，君子对他人诚实，也想着他人对自己诚实；自己厚待他人，他人也就会善待自己；君子的胸襟坦白，行为妥当，他们的观点立场就容易站住脚，荣誉和利益也就是必然的，自然也不会遭到耻辱和祸害。

真理非巧言所能得，仁义更不能只是带在嘴边。同样地，学问和道德也不是在吹嘘中得来的，是要在艰苦修养中累积而成。《庄子·大宗师》中有段孔子的弟子颜回与孔子的对话。颜回说道："我有了一些进步。"孔子问他："你说的进步指的是什么呢？"颜回说："我已经忘却了仁义。"孔子继续问道："好，可是我觉得不够。"过了几天，颜回又去拜见孔子，还是说："我又进步了。"孔子问他："你说说看你的进步是什么？"颜回说："我'坐忘'了。"孔子很是吃惊地问他："什么叫'坐忘'？"颜回答道："我毁掉了强健的身体，原本灵敏的听觉和清晰的视觉也退化了，从此以后就要和大道融为一体，这就是静坐心空、物我两忘的'坐忘'。"孔子又说："要与世间万物同一就没有偏好，顺应世间的变化就不要执滞常理。看来你果然已经成了贤人了！作为你的师长也希望能跟随你学习，步你后尘。"

无胜于有，宁缺勿完

欹器以满覆，扑满以空全。故君子宁居无不居有，宁居缺不处完。

译文

那些倾斜且容易倾倒的容器只因装满了水才会倾覆，存钱的储蓄盒只因为里面空无一物而得以保全。因此，正人君子宁愿无为却也不愿争强好胜，宁愿有所欠缺也不愿处处完美。

解析

酒足饭饱过后，哪怕是面对最美味的佳肴也不会有食欲。内心感到满足，哪怕是最朴实的真理也很难打动了。曾有一位学者慕名到南隐禅师那里去问禅，他一到那儿就从哲学、科学的角度开始对禅不遗余力地进行了评点。南隐禅师始终默默地听着，还为学者上茶。眼看茶杯已经倒满了，南隐禅师还不停地往里面倒水。学者看到了以后就说："老禅师，茶水已经满了。""是啊，你何尝不像这只水已经漫出来的杯子呢！你的脑子里有那么多的知识，哲学的、科学的，我再同你说禅，你的脑子还装得下吗？"南隐禅师说道。学者事后接着感叹道："原来茶杯的最终价值和它的质地外形没有太多关系，重要的是它是不是空的。"

为官有节，居乡有情

士大夫居官，不可竿牍无节，要使人难见，以杜幸端；居乡，不可崖岸太高，要使人易见，以敦旧好。

士大夫为官，切不可与他人书信往来毫无节制，要让那些前来求职的人难以见到自己，以免给予投机取巧和善于钻营的人可乘之机；退职还乡赋闲的时候，也切忌孤芳自赏、清高自傲，平易近人才能让人感觉容易接近，才能以此修好同亲族邻里之间的关系。

解析

个人的道德品质和气节无论何时何地都要保持，可是处事待人的态度是可以灵活变动的，可以随着时间条件的变化而做一定的调整。在朝为官手握重权，如果没有相应的节制的话，就容易引起结党营私、贪污腐化，给小人们可乘之机。其实关于在朝为官和辞官返乡时待人态度的区别，早在《论语·乡党》篇中就提到过："孔子于乡党，恂恂如也，似不能言者。其在宗庙朝廷，便便言，唯谨尔。朝与下大夫言，侃侃如也；与上大夫言，訚訚如也。君在，踧踖如也，与与如也。"人身处什么位置，有什么样的社会地位，就应该说什么样的话。在朝为官，自然是要为官谋政事；至于闲居之后，若还在山野父老面前故作高深，自持清高，自我吹嘘，这种态度就不对了，明显是自己还沉迷在从前的回忆当中，而不能面对眼前的现实。没有摆正自己的位置，调整好自己的心态，很快就会为人所不睬，与人隔绝开，势必会带来很严重的失落感。其实，这和一个人的品德修养有很大关系，而那些热衷于功名利禄，将权力看得比什么都重的人，就会在赋闲后感到前所未有的失落，最终导致自我封闭。

阴恶为善，显善为恶

为恶而畏人知，恶中犹有善路；为善而急人知，善处即是恶根。

做了坏事害怕他人知道，虽是为恶，但还是给自己留了为善的通道；若是做了好事却急于要宣扬自己的人，即便是做了善事也是种下了罪恶根源。

解析

心灵的磨炼需要道德修养，喜欢沽名钓誉的人最善于用善举来粉饰自己的外在形象。人人都有良知，为恶之人都有羞耻心，都怕为人所知，这就证明这样的人还不至于大奸大恶，只有那些无耻之耻的人才是真正耻辱，也就是常说的恬不知耻。孟子说过"羞恶之心，人皆有之"，有了羞耻心的人才是维持人性不致堕落的最基本标准。现实社会中，人们往往急功近利，这样一来很多伪君子乘虚而入，有了生存的空间。人与人交往中的尔虞我诈也给那些总是作恶的人铺平了温床。正直的人要在生活当中用自己的正直之气来辨认并战胜这些丑恶和邪恶。

君子忧乐，独怜茕独

君子处患难而不忧，当宴游而惕虑；遇权豪而不惧，对茕独而惊心。

能力很强且德行很高的君子，即便是在非常危险的环境中也不会感到忧虑，在安乐宴饮中时时刻刻提醒自己要保持警惕，防止自己沉溺于其中；在遇到有权有势或是行为举止蛮横的人时，他们从未感到畏惧，而在碰到那些孤苦无依的人时，就会产生恻隐之心，绝不会无动于衷。

即使是那些有很高修养和品德的人，本质上也是凡人。之所以与人不同，只因他们与众不同的意志力，能在外部诱惑之下保持自己的品性和姿态。处在忧患之中，品性很高的君子忧而不患，正是他们心中安贫乐道的精神在起作用。此外，在享受安然的环境中，他们能够始终保持清醒的头脑，能够居安思危，防微杜渐，也是这个原因。再则，他们有着很高的人生追求，能够从中领悟人生的真谛，所以对于权贵他们一向都无所畏惧。唯独能唤醒他们同情心的只有那些凄苦无援、无所依靠的人们，对于这些人，君子总是能够加以同情，予以救助。

不为外物所惑，身心逍遥

竞逐听人，而不嫌尽醉；恬淡适己，而不夸独醒。此释氏所谓"不为法缠，不为空缠，身心两自在"者。

译文

他人追名逐利，任由其作为，别因此就嫌弃他们或是疏远他们；顺着自己的恬淡淡泊的心性去生活，千万别在人前夸耀自己的清高。这佛家所说的"不被物欲蒙蔽，也不被虚幻所迷惑，身心俱逍遥自在"便是这个意思。

解析

一日，庄子在濮水边钓鱼，楚威王遣去了两个大臣去拜访他。两位大臣到了濮水边，见到了悠闲自得在钓鱼的庄子，于是对着庄子传达了楚王的旨意："大王想将楚国的诸多事宜托付于你，想请你出山协助治理国家。"

庄子似乎并没有听到两位大臣说什么，仍旧手持钓鱼竿钓鱼，一直头也不回，好半天之后才说了一句话："听说楚国有一只神龟，活到三千岁才死。死了以后国王还将它用布包着放到竹盒里，最后把它供在庙堂之上。我想问问两位大人，要是你们是那只神龟的话，是愿意死掉以后被国王供在庙堂之上，供人敬奉瞻仰呢，还是愿意拖着尾巴活在泥沼里呢？"

那两个大臣听了之后毫不犹豫地说："自然是愿意活着在泥沼里爬着。"庄子又接着说："既然如此，就请回国告诉你们大王，我的答案和你们一样，也愿意拖着尾巴活在泥沼中，要知道那才是自由自在！"

舍生取义，恪守道德

栖守道德者，寂寞一时；依阿权势者，凄凉万古。达人观物外之物，思身后之身，宁受一时之寂寞，毋取万古之凄凉。

译 文

恪守道德原则的人，有时也会感到很寂寞；那些习惯于攀附权贵的人，更是会感受永久的孤独。心胸豁达、智慧超群的人都很重视现实世界之外的精神世界，他们会考虑到自己死后的名誉问题，所以他们哪怕是忍受一时的寂寞，也要坚守自己的道德原则，绝不趋炎附势，从此遭受万古的凄凉。

解 析

君子一向是宁愿忍受一时的寂寞，也要恪守自己的道德准则，哪怕是舍生一死也要遵从大义。这种例子古往今来实在不鲜见，像文天祥等人都是舍生取义之人。《十八史略》一书中记载，当时张弘范让文天祥修书招降张世杰，而且威胁他要是不写的话就只有一死。文天祥只得写了《过零丁洋》给张世杰，其中有两句一直流传至今成了千古名言，那就是"人生自古谁无死，留取丹心照汗青"。文天祥的做法其实就是"宁受一时之寂寞，毋取万古之凄凉"的具体表现。道德品行好、聪慧的人总是重视精神世界，考虑到身后的名誉问题，坚持恪守自己的原则，说白了就是出于"仁义"二字。文天祥曾在他自己的《衣带赞》中也提到过："孔曰成仁。孟曰取义，惟其义尽，所以仁至。读圣贤书，所学何事？而今而后，庶几无愧！"这段话中就体现了中国古代士大夫舍生取义的精神。既然有了这方面的追求，君子的生活也自然而然就甘于平淡了。孔子说："不义而富且贵，于我如浮云。"这段话就提到了所有不合仁义的事情在君子看来都如浮云。再来看看历史上的众多反例，譬如魏忠贤、严嵩、和珅等奸臣，几乎都是喜欢仰仗权势、趋炎附势的奸佞小人，最终他们的下场也都类似，无非就是身首异处，凄凉万古，下场极其悲惨。这么说来，为人立世岂能不谨慎呢？

三月

言语慎，是非无——言谈举止存善心

谨言慎言才不至于招来心胸狭窄者或是居功自傲者的忌妒和不满，才能真正同人交心，换来他人的真诚，退却世间众多是非。世间唯独居善心之人，言行举止上才有所克制。

谨言慎行，宁拙毋巧

十语九中，未必称奇，一语之中，则愆尤骈集；十谋九成，未必归功，一谋不成，则訾议丛兴。君子所以宁默毋躁，宁拙毋巧。

译 文

十句话当中有九句话说得对，这不算稀奇，也不一定会有人称赞自己，但要是有一句话说得不对，那就会招来诸多的责难和非议；十次谋略有九次成功的话，未必会有人归功于自己，但只要有一次失败的话，所有的非议和责难就会铺天盖地地压过来。因此，君子要切记保持沉默，切勿浮躁多言，哪怕表现得很是笨拙也不能轻易显露自己灵巧的一面。

解 析

有一回，子路盛装去拜访自己的老师孔子。孔子见状说："仲由，你为什么打扮得如何隆重呢？长江从岷山中流出，它的源头只是一条小流，小到有的时候只能浮起酒杯，只是当它流到广阔的渡口时，它就开始大到可以容纳两条船并列，到那个时候，水流就大到让人既不能避开大风，也不能顺利渡河，这些不都是水流过大、水面过宽造成的吗？今天你衣着如此艳丽，脸上带有很是得意的表情，不知道天下有谁会去规劝你呢？"子路听完老师的话以后，连忙退回去换了一身很朴素的衣服出来，表示认同老师的说法。孔子又说："仲由，从今天起务必记住，但凡把聪明写在脸上的，始终表现自己很能干的人，都是小人。君子的做法是知道就诚实地说自己知道，不知道就承认自己不知道，这才是君子谈话的要领。行为上也是如此，能做成的就说自己可以，做不成的就承认自己不行。说话的要领通常称为智，行为举止的准则则称为仁。不但言语有仁，行为也有仁，这样的人还有什么不足的地方吗？"

终日说则未曾说

遇沉沉不语之士，且莫输心；见悻悻自好之人，应须防口。

和那些面目表情阴沉且话不多的人在一起，暂时就不要和他们推心置腹、坦诚相见了；遇到性格孤傲且自以为是的人，就要注意自己的行为举止，注意谨言慎行。

在人生道路上，人们都会遇到形形色色的人。如若是两人相见恨晚，那定是三两句话就十分投机。可俗话也说"话不投机半句多"，尤其是那些看起来就讳莫如深的人，更是无法在短时间内与之推心置腹。若是遇到了本身就一副刚愎自用、傲气十足模样的人，那就更要注意口中的话语。事实上，这些和言语有关的问题都涉及了做人的智慧问题，与什么样的人相遇，该如何对待不同的陌生人，要说些什么，不要说些什么，自有智慧在其中。

一言醒人，功德无量

士君子，贫不能济物者，遇人痴迷处，出一言提醒之；遇人急难处，出一言解救之，亦是无量功德。

译 文

一般学问很高的人或是有节操的人，尽管他们因为贫穷而无法在物质方面去接济他人，只不过在他人遇到某事而执迷不悟的时候，他们就会及时地去点醒他，让他领悟到自己错了；在他人有困难的时候，他们也会挺身而出为其仗义执言，以此让他摆脱困境，这些都是功德无量的事情。

解 析

荀子曾提到，善言谈是君子很大的一个特点，君子的言谈拥有很大的力量，有时候一句话可以退三军，可以抵九鼎，有时甚至可以救人命。所以说君子语言的力量是来源于思想的力量，是源于情感的力量，源于智慧的力量。古时，景公很喜欢用老鹰来捉兔子，于是他就派烛邹专门饲养宫里的老鹰，可是没想到烛邹把景公的老鹰给弄丢了。景公知道了以后勃然大怒，马上派遣狱吏去杀掉烛邹。晏子闻讯后立刻进宫去向景公进言："陛下，在我看来烛邹确实有三大罪状，且等我慢慢向您道来，您听完后再杀他也不迟。"景公说："好！"随后，晏子就把烛邹叫到了跟前，在景公面前很严厉地数落他的三条罪状："烛邹，陛下信任你才派你去喂养他的老鹰，你却不小心把老鹰给弄丢了，这是你的第一条罪责；你的第二条罪状是，你把老鹰弄丢了让陛下狠下心来为了一只鸟杀人；再有就是陛下要是杀了你，我们国家的诸侯就会因此认为陛下是个重视鸟而不重视人才的人，这便是你的第三条罪责。"晏子数落完，就恳请景公立刻杀掉烛邹。景公见状只得说："算了，不杀了，我已经知道教训了。"

守口如瓶，谨防歧途

口乃心之门，守口不密，泄尽真机；真乃心之足，防意不严，走尽邪蹊。

心的大门是嘴，要是不能管好自己的嘴，乱说话的话就会守不住自己的秘密；意识是心的双脚，要是不加管束的话，行为不够严谨的话，最后还是会误入歧途。

人与人的交往，不仅仅是彼此守口如瓶，语言方面的艺术也必须注意，这才是最关键的一点。有一次，子路向自己的老师孔子提问："鲁国大夫的做法是在父母去世后的二十七个月内，仍然睡在床上，而这段时间不正好是服丧期间吗，这样的做法合乎礼吗？"孔子说："这个我就不清楚了。"子路出来之后又向子贡发出疑问："原本在我看来，老师是无所不知、无所不能的，今天我才知道原来他也有不懂的事情。"子贡说："你都向他问了些什么呢？"子路接着说："我就是问问老师鲁国大夫服丧期间还在床上睡觉，是不是合乎礼法？先生说他不太清楚。"子贡说："那我帮你问问先生吧。"子贡进去问了孔子："服丧期间睡床，这事合乎礼法吗？"孔子回答："这做法自然是不合乎礼的。"于是子贡出来，把孔子的答案告诉了子路说："你说很多事情先生不懂。要知道先生非常博学，怎么会不懂呢？关键是你问话的方式不对。礼法中说，只要是士大夫居住之处，不该数落士大夫的不是。"这件事说明，做事时方法得当的话，就能达成所愿，柳暗花明，要是没有正确的方法就很可能事倍功半。

真理是没有瑕疵的，是放之四海而皆准的，是具有全民性的。相比之下，语言的作用却有许多的偏差，是有限的，且会因为时间和地点的变化而产生效果上的差异。

有的时候环境变化，语言带给人的感受是不同的。但它们所表达的真理含义始终保持不偏不倚，所有的偏颇都因为语言而引起。所以说，真理无论在哪里，在什么时候都是无拘无束的，都是自由的，是语言限制了它。

得道不言，言者不得

谈山林之乐者，未必真得山林之趣；厌名利之谈者，未必尽忘名利之情。

译 文

总喜欢与人津津乐道山林隐居妙趣的人，不一定就真的是理解了山林隐居的趣味；口头上总说自己厌恶名利的人，未必就是真心忘却追名逐利的利益。

解 析

庄子认为，要了解道并不困难，可是得了道以后且不说出来才是真正得道之人。更高的境界应该是得了道且不随意评论，就已经是超越了现实的境界，达到了自然境界。那些明白了道的内容却总是夸夸其谈的人，那未必就已经是得道之人。中国的古人一向都崇尚自然，对人为的却始终不很赞同。

世间的事情颇为奇特，一般得道者无言，津津乐道的均不是得道者。所以，庄子才会说"崇尚天然而不追求人为"。

一团和气，春风扑面

天运之寒暑易避，人生之炎凉难除；人世之炎凉易除，吾心之冰炭难去。去得此中之冰炭，则满腔皆和气，自随地有春风矣。

译 文

因为天地运行而产生寒暑更替其实很容易避开，真正最难避开的应当数人世间的人情冷暖；即便是消除了人世间的人情冷暖，人们心中的杂念和斗争也不会因此就轻易消除。要是人内心中的这些斗争和杂念如若消除了，心中便会充满祥和之气，随时随地都会有春风拂面的感觉。

解 析

人际关系本身细说起来是一门很大的学问。俗话说："世事洞明皆学问，人情练达即文章。"要与人好好相处，首先要让自己做到通情达理，只有这样才能明白与人相处的最佳方式，理解对方的好恶以及个性，尊重对方，以顾及对方自尊心为前提原谅他人的弱点和不足。对人切记要有耐心，宽容对方。总而言之，在待人处事上，能不能做到"人我两忘，恩怨皆空"，完全取决于自我修养问题，修养不够的人才会总是积怨于心。中国古代的士大夫在待人方面最强调宽以待人，中心思想就是"恕"和"忍"，具体来说的话就是在待人时要有"以德报德，以直报怨"的原则，并以此来促进和谐的人际关系，从中感到自我舒畅的感觉。做人原则很重要，不能毫无原则，提升自我修养重要的一点就要树立做人的原则，再以自身之德来化解彼此之怨。有了如此高的修养和原则，就不至于在个人恩怨中纠缠，也不至于陷入人际交往的困难之中，与人之间大多数时间都会是一团和气，有一种春风拂面的感觉。

夏　处世立业篇

安身立命定要有一番基业，处世立业不能为欲望所牵制。君子爱财，取之有道。凡事都要恪守中庸之道，小心谨慎，不居功，不自傲。世间万物皆在虚实之间，不过是过眼云烟，不必太过较真，需存大志才能行稳健。

四月

上不傲，下不卑——居上为下修谦心

古人称君子为谦谦君子，可见谦逊为君子必备之品德。谦逊要做到上不傲，下不卑。以现代人的说法就是要在人前不卑不亢，这才是君子心胸坦荡的表现。君子为人立世皆要默默为善，恪守中庸之道。

君子自当坦荡，珠藏才华

君子之心事，天青日白，不可使人不知；君子之才华，玉韫珠藏，不可使人易知。

译文

道德修养很高且才华横溢的君子，他们的行为举止就好像青天白日一样敞亮，没有什么可隐藏的，没有什么不为人知的恶劣行径；但是他们的才华却好比是隐藏起来的玉石宝贝似的，不轻易拿出来对外炫耀。

解析

君子为人的原则中有很重要的一条是"心事宜明"，而做事的原则则是"才华须蕴"。君子的心中不得有见不得人的邪念或是那些邪恶的欲望，必须坦坦荡荡才是真君子，也因此才合乎君子的标准和要求。至于好大喜功和对外炫耀，不是真君子所为，因为这么做只会招来旁人的忌妒，即便是才华横溢也会因此内心飘忽，难以得到善果，严重的还可能招来杀身之祸。

三国时期，曹操总觉得刘备是自己的心腹大患，担心此人日后会势力壮大，对自己造成大的威胁。刘备对此自然不会毫无所知，于是他在曹操面前开始渐渐地隐藏了自己的抱负和锋芒，跟个农夫似的成天只是在家中种菜，看起来一点都不像是有抱负的人。有一次，曹操邀请刘备去喝酒，席间曹操说："如今天下的英雄仅剩两人，那就是你我二人。"刘备听完了以后心里一惊，下意识就把筷子掉到了地上，此时正好一阵雷响起，刘备顺势就说道："没曾想到这雷声的威力竟如此可怕。"曹操听了以后大笑道："大丈夫岂会怕雷声？"刘备回答说："通常在疾风迅雷的时候，神色也会有所变化，何况是我，我又如何能不怕呢？"刘备为的是要掩饰自己的不安和紧张，更怕因此而让曹操看出自己有别的情绪，于是他编了一个借口，好似没听过曹操前面所说的话。也因此曹操消除了对刘备的怀疑。可以说刘备防备曹操而隐藏自己的志向的做法，正是对上文这个道理最好的解释。

德在人先，利在人后

宠利毋居人前，德业毋落人后，受享毋逾分外，修为毋减分中。

恩宠名利切勿抢在人前，相比之下积德修身之事一定要积极所为，勿落人后才好，该自己享受的利益就恰当地享受，别轻易超出自己的本分，修养自己的道德品性时更要恪守自己的原则和标准。

解析

一个人的修养品质和自己的所得利益有很大关系，通常来说个人修为都是从获得利益的过程中磨炼所得到的。范仲淹有一句著名的名言"先天下之忧而忧，后天下之乐而乐"，这其中就表现出了一个古代君子最优良积极的人生态度。现代人都提倡"吃苦在前，享乐在后"，其实同古代的君子所追求的"德在人先，利居人后"的境界殊途同归，有着异曲同工之妙。辩证地来说，苦中乐，乐中也有苦，苦和乐彼此相依，这才是真正的自然法则。要成就一番事业的人要取得万事成功，必须经过苦尽甘来的过程，所谓"吃得苦中苦，方为人上人"说的就是这个意思。功利名禄固然能催人上进，但不能过分看重，要是眼里只有功名利禄的话，那人生路上只会有无尽的烦恼在等待着自己。从道德修养来看，道德节操高的人绝不会在享受名利上分外争先，也绝不会超过个人的本分，而在德业修为上则表现得十分积极，时时提醒自己，而这其中还蕴含着精神的充实和追求的愉悦。

高处立身，谦让处世

立身不高一步立，如尘里振衣，泥中濯足，如何超达？处世不退一步处，如飞蛾投烛，羝羊触藩，如何安乐？

在社会中立足，如果不能站在更高的境界去提升自己的话，那就好比是在有灰尘的环境里抖衣服上的尘土，在浑浊的泥土里洗脚是一个意思，这么一来又如何能超脱于现实之上，超过那些普通人成为见解高明的人呢？为人处世要是无法退一步考虑的话，就会如飞蛾扑火和羚羊触篱一样，如何能获得安乐的生活状态呢？

谦让的品质自然为人所称道，但要培养个人的谦让品质绝非以容忍为前提，绝非是在无法忍耐的情况下才培养出来的。谦虚首先需要的是立下远大的志向，且站在人生的高处，这样才能获得谦让的本质。所以要在社会上立足，立足点就要很高，不能总是在一般人的无知无识的俗见中沉溺下去。要认识到真理，修养自己的品性才能摆脱凡夫俗子的看法，避免一辈子都在污浊的尘埃泥淖中打滚，难以成就自己超凡脱俗的事业。在待人接物时尤其要记住该原则，记住谦让高于一切，退一步就等于进两步。为了自己的目的不能盲目地努力，听由自然，才能谦虚谨慎。

恪守节操，避开锋芒

澹泊之士，必为浓艳者所疑；检饰之人，多为放肆者所忌。君子处此，固不可稍变其操履，亦不可太露其锋芒。

淡泊名利的人，就算是才华横溢，也免不了会招来大部分追名逐利的人的猜忌和厌烦；平常生活态度简朴谨慎的人，也免不了会为那些内心充满了邪念的人所忌妒。只有正人君子恪守正道，不会随随便便去改变自己的操守，更不会过于锋芒毕露。

俗话说得好："害人之心不可有，防人之心不可无。"俗话也说过："人怕出名猪怕壮。"这两句话也充分证明人若是有修养就必定会善意对待自己的人生，好好走好自己的人生路，时时刻刻提醒自己注意自我修为，在他们眼里修为和他人无关，只是自己的个人行为。事实上君子的个人修为恰恰衬托出了小人的恶劣心性，这样一来，高尚的君子就会招来众多的妒忌和攻击。既然容易招人忌妒，唯独是深才高德的人才有应付的智慧，说起来也十分简单，那就是不必过于锋芒毕露，尽可能地把自己的才华隐藏起来。只不过现在有不少人不明白这个道理，常常会由于表现得过于出色而招来周围人的嫉恨，最终不得已被他人所中伤。一个有为的青年，自我修为自然是不能忘的，但在为人、做事上要注意灵活处理。

过犹不及，物极必反

爽口之味，皆烂肠腐骨之药，五分便无殃；快心之事，悉败身丧德之媒，五分便无悔。

即便是美味可口的事物，吃多了也难免会变成毒害肠胃的毒药，如果只是吃到五分不过分的话，食物就不会变成毒药伤身；让人心情愉悦的事情，其实说起来也是让自己身败名裂的诱因，要是也只有享受五分的快乐，那就不会为此追悔莫及了。

即便是美味可口的事物，吃多了也难免会变成毒害肠胃的毒药，如果只是吃到五分不过分的话，食物就不会变成毒药伤身；让人心情愉悦的事情，其实说起来也是让自己身败名裂的诱因，要是也只有享受五分的快乐，那就不会为此追悔莫及了。

事情如果不适可而止，就会物极必反。现实中，很多人在诱惑面前经常是经不起考验的。大多数情况下，有了香甜可口的美食，他们就会禁不住一吃再吃，拼了命地吃，最后的结果只会是伤了自己的肠胃，饱受病痛的折磨。真正聪明的人是不会让自己如此放肆地吃的，他们懂得生命的养生之道，不会如此暴饮暴食。缺乏营养固然对身体不好，但暴饮暴食也会对自己的身体造成很大的伤害。那些欲罢不能的人就是不懂养生之道的人。人的身体是这样，做人的道理也是如此。古人说"病从口入，祸从口出"，那些叫人看起来十分扬扬得意的事情，可能其中蕴含着很多促使人们陷入失败的因素。居安思危，就是要让人们在得意的时候、有成就的时候，切记保持一颗清醒的头脑，提醒自己不要物极必反。

君子当持盈履满，战战兢兢

老来疾病，都是壮阳招的；衰后罪孽，都是盛时造的。故持盈履满，君子尤兢兢焉。

年老了以后体弱多病，这是年轻时不注意保养身体，随意壮阳而导致的；事业失意的时候恶孽缠身、遭受罪责，这也是在兴盛时期不小心而留下的隐患。所以说，在享受成功和事业成就时，一定不要忘记为人处世仍旧要小心谨慎才好。

解析

人都会怀旧，也喜欢回忆过去，对于未来却很少有机会去预测。可是，人的一生却变化无常，俗话说"得意无忘失意日，上台勿忘下台时"，一个人在事业和人生的最高峰时，就要为自己预测好将来失意时会不会有什么不好的事情缠身，因此要多做善事来给自己做好准备。世事变幻难测，不论出身如何、地位如何，都会有人生的高峰和低谷，尤其是走到了人生高峰的人更是要多做善事，多多为将来着想。就好比是人的体质，年轻时缺乏保养，到老了以后体弱多病就是必然的。一个自我修养极高的人，会时时刻刻提醒自己在顺境时要好好修行，多做善事，小心谨慎地对待生活和事业，不会在生活中抱有今朝有酒今朝醉的行乐态度。

藏巧于拙，涉事一壶

藏巧于拙，用晦而明，寓清于浊，以屈为伸，真涉世之一壶，藏身之三窟也。

译文

再聪明的人都不能总是把自己表现得过于出色，学会藏一点自己的巧劲儿会更好，即便是非常明白这件事情也要尽可能地表现得收敛一些，用谦虚来隐藏了自己，很有节操的人也要避免孤芳自赏，宁愿表现自己的随和也不能随随便便就自命不凡，在能力强的时候也不能总是激进，宁可能屈能伸，变屈为伸，才不至于过于冒进，以上的这些都是在社会上安身立命的重要法宝，也就是安身救命的绝佳方法。

解析

之所以不让人表现得过于高调，其实这道理并非用来教育他人，进而达到伪装自己的目的，而是要让自己分清楚主次，在生活中做事讲求方法。常言道"大智若愚"，说的是一个人只要平时表现很低调，为人不咄咄逼人，到了最紧要的关头就会有办法解脱，走出困境，这也就是"中流失船，一壶千金"这句话的重要内涵吧。一个人一辈子要做各种各样的事情，如果事事都要劳心劳神，那到头来只会碌碌无为，且为琐事所牵制，只在世俗面前炫耀自己多有才华，实际上却是一事无成。但凡想要获得在社会上安身立命的法宝的话，就必须知道以下几条原则：首先，学会藏巧于拙，避免锋芒毕露；其次是学会韬光养晦，避免招来不必要的忌妒和忌恨。不管做什么事情都要给自己留好余地，这才是有修为的人的处世原则。如何在复杂的环境中维护自身的纯洁，这是每个人在社会上安身立命要思考的最关键问题。要洁身自好就要不露锋芒，韬光养晦，同时也只有洁身自好能保证隐藏锋芒。

位高危至，德盛谤兴

爵位不宜太盛，太盛则危；能事不宜尽毕，尽毕则衰；行谊不宜过高，过高则谤兴而毁来。

为官不能奢求成高官，位列高官就会让自己陷入最为危险的境地中；有本事的话也不能完全尽其所能，彻底用尽了以后就会走向衰落；行为举止也尽量不要过于高调，凡事做得过满就会招致不必要的诽谤和中伤。

解析

事事都要掌握一个度，常言道"树大招风"、"否极泰来"、"物极必反"，这些词说的都是同样一个道理，凡事过度了之后都会招来不必要的麻烦。身居高位的人有了很高的俸禄，势必要学会急流勇退，要不然就会引来众人的诋毁和恶意中伤。中国古代历史上无数被迫害的开国功臣均是因为不懂得急流勇退而痛遭杀手，这就是一个个最为生动的例子。其中最为经典的要数汉初三杰。汉初三杰在刘邦定天下之后，所遭遇的结果并不全然相同，司马光在看到三个人不同的结局之后，很是感慨地说："萧何系狱，韩信诛夷，子房托于神仙。"事实上，不仅是为官要如此，做人更是需要知道何时该进、何时该退，知进退的人才能知深浅。人和人之间的相处矛盾和不合是必然的，特别是在利益面前，人们更是会因为忌妒心而反目成仇，所以说不管做事做人，最重要的一件事就是要把握好尺度。

默默为善，真诚为善

恶忌阴，善忌阳。故恶之显者祸浅，而隐者祸深；善之显者功小，而隐者功大。

为恶最忌讳的就是为人所不知，为善最忌讳的是为人所知。因此为人所知的坏事一般都不会是大奸大恶之事，那些被隐藏起来，人们看不到的才是大祸害；做善事的话也是如此，外露的善事能积下的功德小，只有默默进行且不为人知的善事则为功德无量之事。

人切勿为恶，一旦做坏事不仅损人也不利己，更会叫人感到憎恶无比。有些事情不管对谁都会带来很大的不利影响。通常情况下，在明处的恶事因为为众人所知，还不太会给自己和他人带来非常恶劣的后果，至少还可以做一定的弥补和预防。相比之下，那些隐蔽起来的恶事所带来的恶劣后果就无法预料了，人们会因为看不见而防不胜防，此种阴坏的危害更大。无论从哪个角度来看，做人为恶都是错误的，正确的观念应当是抱持着做了好事不留名的态度去为人处世。一日行善固然简单，若仅仅是一日行善，还满脑子想着要怎么吹捧自己的功劳，那做好事的本意就失去了，做好事也带上了功利的目的。从本质上来讲的话，这种在主观动机上过分宣扬自己功劳的为善动机实在不纯；从为人的角度来说，这么做最终伤害的是受惠者的自尊心，从中表现出的是一种沽名钓誉的卑鄙心理。既然要帮助他人，就全心全意地真诚投入，默默奉献才是正确的态度。

方圆并济，洁身自好

处治世宜方，处乱世当圆，处叔季之世当方圆并用；待善人宜宽，待恶人当严，待庸众之人当宽严互存。

在太平盛世的时期，为人就应当是刚正不阿的；在乱世间，做人就应当变得圆融一些，而生活在将要衰亡的年代里的人，就应当方圆并济，两种为人的方式交互使用；对待善良的人就要宅心仁厚，而那些本就邪恶之人对待他们的方式就要严厉一些，对待平庸的人，则要视当下的情况如何，通常来说要宽严相济。

在《论语》当中，孔子经常谈到人们的处世方式不能仅仅有一种，应该有两种方式彼此相济。在《公冶长》篇中，孔子称赞南宫适"邦有道，不废；邦无道，免于刑戮"，他还把自己的侄女嫁给了他。《泰伯》篇中，孔子说到"有道则见，无道则隐"。在《宪问》篇中，孔子又说到"邦有道，谷（做官领薪俸）；邦无道，谷，耻也"。孔子还在《卫灵公》篇中称赞蘧伯玉："邦有道，则仕；邦无道，则卷而怀之（把本领收起来揣在怀里，指退隐）。"在孔子看来，他的做法是一种"识时务"的行为，同时这个行为还能兼具谋道谋国兼谋身，有保全自身的作用，是个很完美的自保策略。根据这种行为策略的标准，孔子很赞同长沮、桀溺为人处世的做法，这是因为这些人可以在坏人坏事在社会上蔓延泛滥的时候，急流勇退，避迹躬耕，只为"免耻"、"免刑戮"，唯有这样才能洁身自好。

事来心现，事去随空

风来疏竹，风过而竹不留声；雁渡寒潭，雁去而潭不留影。故君子事来而心始现，事去而心随空。

译 文

风儿吹过稀疏的竹林时，竹林会发出沙沙的响声，当风儿吹过了之后，竹林又会重归平静，原本沙沙的响声是留不下来的；大雁飞过河面的时候，大雁的影子会倒映在河面上，可是当大雁飞过以后，河面就会恢复到原来的样子，大雁的影子也不会留在河面上。所以说君子的心也当如此，有事来临的时候，君子真正的心性才会呈现出来，当事情结束了以后，君子的心性又会重归平静。

解 析

人们要是总在自寻烦恼，或是让各种琐事缠身的话，那是无法正视人生中的各种变化的。一旦人生各种事由纷至沓来的时候，缺乏个人修为的人是很难自我平静、合理处置所有事情的，只有那些修为能力强的人才能通过调解自我内心来达到平衡。风来的时候，竹子和风因为有缘而相会，但风过之后，竹子和风的缘分散尽，又回到原本的模样，实际上就是一切皆空。因此俗话说"风过而竹不留声"。事实上，事物不论什么形态，无论什么本质，它的属性都不由人的意志所决定，它本身就是客观存在的。既然如此，人们就应当在生活当中对身边的一切事物保持随遇而安的态度，当事情来临时真心诚意地去面对和服务，当事情结束以后，心性就要恢复到原来的平静模样，如此才能保持自己的本性不因外力而发生质的变化，也才能保持率真的本性。这种处世的心态，简单地说就是拿得起，放得下。这绝不是逃避责任的做法，相反是一种积极的心态。事情本身就有大小之分，如果所有的事情都劳心劳力的话，结果就是使自己陷入忙碌而琐碎的事务中，一样不会有处事的效率。

中庸之道，美德之源

清能有容，仁能善断，明不伤察，直不过矫，是谓蜜饯不甜，海味不咸，才是懿德。

清正廉洁的人，可以包容一切，因为有仁，所以有清晰敏锐的判断力，能洞察世间一切，且不苛求其他人，正直又不过于矫饰，所以说，凡事做到恰如其分，那就好比是用蜜糖酿制的蜜饯却不会过甜，含着大量盐分的盐水却不至于太咸，掌握合适的度就能铸就一种高尚的美德。

君子对于自我的品德修养要求都十分严格，严格要求自己的结果自然是符合中庸之道，如此一来自己的行为就不会有大的偏差。千万不要感觉自己品行优良或是做了些善事就自我感觉良好，实际情况是正确过了头的事情往往是错的。通常情况下，人们都会很尊重那些清廉自守的人，在人们的赞许下，这些原本刚正不阿的人却常常因为矫枉过正而失去了自我，他们认为自己的格调已经被提得很高，哪怕一点点不好的事物他们都无法容忍，他们会变得非常疾恶如仇，最终的结果就是演变成一点忍耐力都没有的偏激。在这种行事风格的指导下，主观意愿和所达成的客观结果两者之间常常会南辕北辙。与之相对应的是，那些宅心仁厚且宽宏大量的人在生活中很受别人爱戴，但这一性格特征的缺陷是他们常常犹豫不决，缺乏果断的决断力。聪慧的人缺少了高尚的道德修养，就不能在处事决断中掌握好分寸，这就是俗话说的"聪明反被聪明误"。精明的人固然能做成不少事情，但精明到一定程度也会一事无成。显然，事情能否成功，不但要有主观意愿的努力，还要有客观效果的预见，二者结合之后才能见成效。对人的要求就不止于品德端正，更要把握好做好事情的尺度，找到合适的行事方法才行。

能力为标，品行为本

毋偏信而为奸所欺，毋自任而为气所使；毋以己之长而形人之短，毋因己之拙而忌人之能。

 译 文

不要偏信他人的说法，从而为奸诈小人所欺骗，也不要自以为是反而为一时的意气所驭使；更不要依仗自己的优势，拿自己的长处和他人的短处相比，同样地，拿自己的短处和别人的长处相比也是不对的，这么做的结果就是让自己在别人长处的刺激下滋生忌妒心。

解 析

我们经常看到一些有一点点本事就表现得盛气凌人的人，他们对待他人时总是傲气十足。只因他们有能力，所以自信膨胀，看到不如自己的人就瞧不起，甚至会目空一切。相比之下，人们对待自己的不足大多数时候都会尽量去掩饰，不让他人发现。从某种程度上讲，自信过头就是自负，也容易仅相信他人的一面之词，意气用事的他们会成为一些奸佞小人利用的工具，因为他们有着非常强烈的妒人之心，看到比自己强的人就嫉恨起来，而这一点他们自己从不曾知晓。个人修养很高的人才会是公正、无私、诚恳、富有同情心的，这些优良的品性让他们避开了那些修养很差的人身上所有的偏袒、自私、欺骗和忌妒等恶劣品质。善良的人要是善良的本质被蒙蔽了，那劣根性也会随之霸占他的心性。一个人是君子还是小人，彼此之间的区别只在于个人是否对品性做合理科学的修行和磨炼。能力强固然是一个人的优势所在，只是缺乏了优良的品性，他的能力也就成了恶之源。

会其趣味，参透妙用

会得个中趣，五湖之烟月尽入寸里；破得眼前机，千古之英雄尽归掌握。

要能感受到天地之间的无限趣味的话，那么四海之间的各种风光和景致就都能纳入个人心中；能参透眼下各种事物的妙用的话，古往今来所有的英雄豪杰都尽在掌握之中。

解析

哀公曾向孔子询问："先生认为，什么样的人才算是圣人呢？"孔子回答说："要算得上圣人，首先要智慧超群，至少要通道，对于事物的变化始终顺其发展规律，不因此感到困窘，还能分辨不同事物的不同特点和个性。这里说的大道，简单说就是世间万物变化运动的根本道理，事物的特点和个性，说白了就是明是非，做出正确的判断来决定取舍的内在基本根据。可以说，圣人的行为很是坦荡，就如天地一般辽阔，他看到的事物好比日月那般明亮，世间万物对他而言好比是风雨滋润万物一般具有美好而精纯的特质。圣人的行为风格不是一般人可以模仿的，这一点就像是上天主宰万物一样；他的行为举止也不是一般人能够参悟的，如同原本普通人就对自己身边很多的事情无法理解一般。做到这一些，就可以称作是圣人了。"可见，孔子嘴里的圣人不但行为从容淡定，所有的行为举止都显得井井有条，且始终如一。圣人的最终评价便是至善至美。

直进直退，张弛有道

进步处便思退步，庶免触藩之祸；著手时先图放手，才脱骑虎之危。

前进时要先为自己想好退路，免得到时候出现进退两难的尴尬；开始着手做某件事情的时候，就要做好随时可以中止的准备，只有这样才能避免骑虎难下的尴尬和困境的出现。

解　析

古语说："亡羊补牢，尤时未晚。"要拯救眼前的危机，悬崖勒马、江心补漏都是好的补救方法。已经发现自己要面临骑虎难下的尴尬境地的时候，可以用这种方式来补救。假如已经处在进退两难的境地时，不论什么事情都已经不由自主了，即便是后悔都显得有点晚了。要是每个人都能不迷恋权势，学会急流勇退的话，就不会为自己招来如山羊触藩一般的灾祸，也就可以免掉很多灾难。做事之前对事都能胸有成竹，不在功名利禄上痴迷不已，从不打无准备之战，顺着事物的发展规律行事和调整自己，这才是避免尴尬的最佳方式。一般而言，做事的目的还是成事，有勇敢的冲劲固然很重要，但一个劲儿地猛冲是不可取的，犹豫不决更是不可取的，做事要张弛有道、知进知退、处进思退才为上。

忘忧忘利，自有真境

人心有个真境，非丝非竹而自恬愉，不烟不茗而自清芬。须念净境空，虑忘形释，才得以游衍其中。

人人心中都有一个美好崇高的境界，哪怕是没有丝竹管弦的音乐陪伴也会感到充足和愉悦，哪怕是不焚香、不泡茶也能感受到自然的芳香和清甜。心中若是澄净，心境虚空，所有的烦恼忧愁就会随之忘怀，从而摆脱身体的束缚，自然超脱地进入自己内心中的那个美好崇高的境界当中。

解 析

丝竹之乐固然赏心悦目，欣赏它的人也是品性高雅，可是那些内在心性本就纯正清净的人，即便没有音乐、茗茶等外在的事物，也同样会显现出充满了独特雅致的生活气息。人人心中都有一个美妙高尚的境界，要达到这一境界，必须从清静芬芳中自我体会，自然产生。假使想象一下自己已经进入了这一高尚的境界，如果内心本质不够纯净的话，只能让自己从这么美好的境界中抽离出来。道家的老庄一向主张清静无为，古人还讲过放浪形骸之外，这两种观点在某种本质上是有共同点的，简单说就是要让自己从名利和物欲中抽离出来，从而让自己心境恬淡，绝虑忘忧，尽情地享受生活的真正乐趣。

雅不离俗，凤凰涅槃

金自矿出，玉从石生，非幻无以求真；道得酒中，仙遇花里，虽雅不能离俗。

 译 文

黄金是从金矿中冶炼而来的，美玉是玉石经过打磨雕琢而成的，可见没有虚幻就不可能成真；喝酒可悟到真理，声色场中也能遇到神仙，这就说明再高雅的事物也摆脱不了最世俗的环境。

解 析

上文的这段话要真正理解必须从两个方面来着手，一方面，高雅的事物也有它所孕育的环境，而这个环境是它无法剥离的，可是这个环境有可能本身就是个恶劣的、世俗的环境。这就好比说一个人不可能一出生就是个高雅之人，他所生长的环境也可能是最俗的，最重要的是后天的磨炼和人格的升华。另一方面，高雅的东西必须是经过长时间的打磨才能形成。就像是矿石在高温的冶炼下才能炼出黄金，玉石要经过无数次的打磨才能得到美玉，不过前提是金矿和玉石都要有黄金和玉石的本质才行。所以说，要成为一名道德深厚的高雅之士，就不能没有艰苦的磨炼，要在磨炼中发现本性，并将其发扬光大。

超脱外物，审视万物

天地中万物，人伦中万情，世界中万事，以俗眼观，纷纷各异；以道眼观，种种是常。何须分别，何须取舍？

天地间万物，人世间的七情六欲，世间万事，若是用世俗的眼光来审视，必定是纷纷扰扰、千头万绪的；要是用超脱世俗的眼光来审视的话，即便外在种种无常，但内在本质却全然是一样的，皆为平等。那还有什么必要去区分它们，又有什么取舍不了的呢？

聪颖聪慧之人要是缺乏思想上的转换的话，就感受不到真正的快乐；口舌伶俐、能言善辩的人只要是被剥夺了言谈和辩论的机会，也会感到不够快乐；善于洞察事物本质的人少了他人的责难，更是感觉有所欠缺。总的来说，因为外物的局限和束缚，他们就会受外物拘役之苦。

真正的贤才从在朝堂上的那一刻起就开始筹备自己建功立业的事情；擅长于治理百姓的人通常都以为官而荣耀；身体强壮的人在面临危难的时候丝毫不畏惧；英勇无畏的人在灾祸面前也会挺身而出，奋不顾身；武装起来的人通常都骁勇善战；隐居于山林之间的隐士所追求的理想都是个人高尚纯净的节操；研习法制律令的人通常都是一心推行法治；崇尚礼教主张的人对外表仪容的要求都很高。农夫若是赋闲在家，不再做那些除草耕耘的事，顿时会感觉心里空落落的；商人不做生意、不做买卖了也会心神不宁。普通老百姓只要有工作就能够勤勉地过日子，掌握了机械操作技巧的工匠工作起来效率就会非常高。那些贪婪的却没有太多财富的人总会因此而感觉郁郁寡欢，权欲很强却始终无法实现的人也会暗自兴叹。一般来说，这类人始终为外物所束缚，无论是身体还是灵魂都会为此过度地奔波驰骛，最后彻底陷入了外物的包围中，一辈子都不会幡然悔悟，这种人生看起来实在是可悲！

布衣之交，一饭之情

神酣布被窝中，得天地冲和之气；味足藜羹饭后，识人生淡泊之真。

安然熟睡的话，哪怕是盖着粗布棉被，也能够吸收到天地间的和顺之气；有了饱腹感后，哪怕只是吃着粗茶淡饭，也不会失去体会人生真实乐趣的机会。

俗话说得好："强扭的瓜不甜。"生活的本来面貌就是如此，顺其自然最好，很多事情强求的话就显得不够自然，而且常常让人感觉很是别扭。真正的快乐在于精神上的愉悦，而这愉悦恰恰是无法强求得来的。孔子说："饭疏食饮水，曲肱而枕之，乐亦在其中矣。不义而富且贵，于我如浮云。"有了美味佳肴，不代表就一定能品尝生活的真味，要知道"真味在藜羹"。生活中充满了愉悦的人，就算是粗茶淡饭也会十分满足，能体会到人生的真趣。真诚是获得生活愉悦最基本的要求，做人首先要真诚。自然，日常生活中那些普通的布衣之交、一饭之情才最叫人怀念和珍惜。富贵之后的人为钱财、名利所束缚，有了沉重的心理包袱，还有一种情况是人一旦享受了富贵之后就会有比从前更大的欲望。所以大多数人珍惜患难之情和布衣之交正是出于这个原因。这种情谊充满了真诚的意味，人们处在这种交情中更能付出自己的真心，凸显自己的本性。

闹中取静，苦中作乐

静中静非真静，动处静得来，才是性天之真境；乐处乐非真乐，苦中乐得来，才是心体之真机。

 译 文

静中取静，所获得的宁静绝非是真正意义上的宁静，只有在喧闹骚动的环境中仍旧抱持了平静的心态，才真正做到了静的最高境界，体现了天性最本真的模样；乐中求乐也不是真正意义上的快乐，只有在苦中作乐，在艰苦的环境中保持乐观的态度和情趣，才算是达到了快乐的至高境界，才是人本性快乐的体现。

解 析

俗话说："不怕不识货，只怕货比货。"不管是什么经过比较之后，好的都会变得更加好，差的也会越变越差。远离尘世的人住在深山幽谷之中，自然可以轻易保持内心的宁静，这种宁静很是常见，但换一种环境，在喧闹无比的环境中或是亢奋无比的环境中，内心依旧平静，那这份波澜不惊的感受就越发显得珍贵和难得。在丰衣足食的前提下，感到幸福是理所应当的，要是周遭的环境非常艰苦，可以说是饥寒交迫，身处其中的人仍旧能自得其乐，那这份快乐就真是快乐的极致了，也是体会到了"心体成真"的那份更深层次的快乐。晋朝时期有著名的竹林七贤，其中的嵇康，只因不经意间得罪了当权被投入监狱，那时他仍旧非常平静，丝毫没有畏惧。入狱前一天他还颇有兴致地抚琴高歌一曲，以此与世人道别。这就是典型的苦中作乐，他在那一刻个人的心性已经达到了"全真"的状态，以致不管是何种环境他都能感到幸福和快乐，即便是即将入狱。

非上上智，无了了心

山河大地已属微尘，而况尘中之尘；血肉身躯且归泡影，而况影外之影。非上上智，无了了心。

 译 文

从广袤的宇宙角度来看，世间万物都那么的渺小，仿佛是一粒微不足道的小小尘土，相比于山河大地，人类看起来就更是渺小了，称得上是微尘中的微尘；时间本是无限的，一个人的生命从无限时间的角度来看的话不过是一个转瞬即逝的泡影，更别说那原本相对于生命而言就微不足道的功名利禄，更是泡影中的泡影。所以说，缺少至高的智慧，就无法领会至高的真理。

解 析

唐朝时期，著名的大学问家李勃，因为幼时就已经博览群书，时人都赞其为"李万卷"。有一次，李勃到庐山的归宗寺去拜访寺中的高僧智常和尚，当时他问道："佛经中说'毛吞巨海，芥纳须弥'，我百思不得其解，望师父指教。"和尚听完以后反问道："世人皆称你为'李万卷'，你想想你读了那么多书，那么多的书又是怎么装进你这小小的脑袋的呢？"听此一言，李勃才幡然醒悟。

万虑都捐，斗室不陋

斗室中万虑都捐，说甚画栋飞云、珠帘卷雨；三杯后一真自得，唯知素琴横月、短笛吟风。

住在狭小的屋子里，不论什么私心杂念都可以抛弃了，更别提去空羡慕那些金碧辉煌、雕梁画栋、珠帘卷雨的豪宅了；酒过三巡了以后，自然也就能悟得真知，且在真知中悠然自在，那种境界可以从对月弹琴、短笛迎风中得来。

刘禹锡在自己的名篇《陋室铭》当中也曾经表达了自己可以"万虑都捐"而"斗室不陋"的志向，而这一境界绝非普通人所能达到的。超脱豁达的品性在"万虑都捐"当中表现得最为明显，精神上的俗与雅也能通过这一境界表现得十分突出。生活处在贫苦困境中的人们还能苦中作乐，表达出自己高雅的精神追求和生活情趣，这样的人才是真正能领会高雅的人，事业成功是必然的。因此，古往今来众多的名人学士都深谙此道，因此常常对刘禹锡的观点有不谋而合的咏叹。像卢倚就曾经吟诵过"揪然坐我斗室底，满室岗气生清香"的诗句。中国古代君子深爱梅兰竹菊此般代表气节的植物，也同样是为了表达相似的情感寄托。没有精神追求的人很快就会陷入抱怨、自堕和麻木的状态当中，如此状态又怎么免掉烦恼缠身呢？

一触即发，绝处逢生

万籁寂寥中，忽闻一鸟弄声，便唤起许多幽趣；万卉摧剥后，忽见一枝擢秀，便触动无限生机。可见性天未常枯槁，机神最宜触发。

无物皆寂寥无声的时候，顿时传来一声鸟叫，一时间所有的幽情雅趣就会应运而生；当世间所有花草都已经衰败的时候，偶然间仍有一枝独秀的花儿在绽放，一时间内心对生机的所有期待和希望都会被触动。可见，事物的本性不会全然枯萎，生机要持续地得到激发。

上文所提到的境界会让人联想到诗句"闲敲棋子落灯花"中所提及的意境，特别是在撰写文章之时，常常有人在搜肠刮肚，为行文走笔而苦苦思索时常常并无可得。真正要发掘写作的灵感就要走出去，走到大自然去，自然纯真的万物可以给予人们大量的养分。不要小看自然界的小小细节，有时哪怕是几声鸟鸣都会带来前所未有的灵感，一点花花草草就会勾起丰富的回忆。事实上，生活也是如此，所谓的机神触事，就是顺着生活的规律，应物而发。陆游曾作诗云："山穷水尽疑路，柳暗花明又一村。"人生道路上不少人会因为陷入困境而认为自己已经绝望到底，可是往往到了绝望的境地时，前方会突然豁然开朗，事情也有了转机。这就是俗语中说到的天无绝人之路。可见，坚定自己的意志，坚定自己的信心，最终就会获得胜利的希望，就好比在撰写文章时好不容易获得了灵感而笔走龙蛇。

适度操持，收放自如

白氏云："不如放身心，冥然任天造。"晁氏云："不如收身心，凝然归寂定。"放者流为猖狂，收者入于枯寂。唯善操身心者，把柄在手，收放自如。

白居易曾作诗云："不如放身心，冥然任天造。"意思是说听由天地造化的安排，彻底地放松自己的身心。宋代的晁补之也曾经说过："不如收身心，凝然归寂定。"他的意思也是要让一切归于平静，就要切记收敛自己的身心。任由自己任意妄为的结果，只会让自己变得狂放自大而猖狂，收敛过度又容易陷入枯寂。所以只有合理地把握身心的人，才能把握自己的人生，无论是收还是放都无比自如，还能在其中取得合理的平衡。

解析

诗人世界里的语言比起现实来说要夸张不少。人命不能总由天意决定，同样地也不能自己把自己带进命运的死胡同。白居易说"身心任天造"观点就类似于宿命论的主张；相比之下晁补之所说的"身心会天造"，和白居易的观点背景差别就很大，他的话里有更多的绅家口吻。中国古代的墨家学派提倡救世主张，放任自己身心自由的做法要是能达到"磨顶放踵利天下而为之"的程度，那就接近墨家的思想了。收敛自己的身心若是能做到"乇见自性体得真如"的程度，也是一种教化众人的好方法。只怕是收放都超过了合理的度，那就好事成了坏事了。人需要合理适度地操持身心，在操持身心时别忘了自己真正的目的是什么，不要过分放纵自己，也不能过分收敛自己。在收放自如的情况下才能体会到自然状态的快乐和乐趣所在。

回归自然，涤荡灵魂

山居胸次清洒，触物皆有佳思：见孤云野鹤，而起超绝之想；遇石涧流泉，而动澡雪之思；抚老桧寒梅，而劲节挺立；侣沙鸥麋鹿，而机心顿忘。若一走入尘寰，无论物不相关，即此身亦属赘疣矣！

译文

在山野中隐居时，人的心胸自然而然会变得清新洒脱，在任何事情面前都会有无限的遐想：即便是一片云飘过，一只野鹤飞过，都会让自己萌生超越世间万物的超脱想法；望见清澈的泉水在山涧中流动的时候，就会触动自己想要涤荡灵魂的想法，更愿意由此除去一切杂念；双手抚摸着树立的苍老的松树或是寒冬中的梅花在寒冷的天气中傲立霜雪的情境，也会引发自己树立高尚气节的想法；同沙鸥、麋鹿做伴，也就会让自己忘记所有恶劣的心机想法。有了如此高雅的想法后，再回到尘世中时，就不会再多关注身边的俗世万物，关心的只是自己的高雅的灵魂，甚至感觉自己的躯体都是个累赘。

解析

时势造英雄，人都在环境中应运而生。特别是自然环境，人从生到死都脱离不了自然环境。可是在现代社会中，很多人已经很长时间没有近距离接触大自然。所以不少人开始振臂高呼要让现代人回归自然。须知离开喧闹的都市生活，重新回到山清水秀的山野之间，人们会因此感觉心旷神怡、神清气爽。对于那些非常想修身养性的人而言，这种回归显得更为必要。回到自然当中，与自然万物在一起，除了可以陶冶身心以外，还能造就一派仙风道骨的气质。可见，一个自然纯真的环境对人们的身心修养有多大的好处。

野鸟作伴，白云无语

兴逐时来，芳草中撒履闲行，野鸟忘机时作伴；景与心会，落花下披襟兀坐，白云无语漫相留。

译 文

兴致偶然到来的时候，不妨脱下鞋子在草地上如闲庭信步般漫步，身边时不时会有野鸟停下来和自己做伴，丝毫不担心自己有被捕的危险。在自然当中，灵魂与景致彼此交融时，静静坐在落花下，抬头望天上的白云，就好像一直依依不舍地驻留在自己的头上，仿佛默默无语相对。

解 析

生活需要调节，不能一成不变。中国古代的知识分子对于生活的情趣就十分重视，高雅的雅士通常很是强调自己在日常生活中行雅事，即使是处在大自然当中也要强调自己忘我地同天地灵气相会，天人合一，身心完全和身边的环境浑然成一体。古代的雅士往往在忘我的境界中体会人来鸟不惊的陶醉情景，这就是他们常常说的渐入佳境。换一种生活状态，长时间在世俗的斗争中和喧嚣中争斗的话，不但领会不了自然的乐趣，更无法渐入佳境，如此状态实在可悲。

多一份清净，少一分邪念

人生福境祸区，皆念想造成。故释氏云："利欲炽然即是火坑，贪爱沉溺便为苦海。一念清净，烈焰成池；一念警觉，航登彼岸。"念头稍异，境界顿殊，可不慎哉！

人内心想法的好坏会直接给人们带来幸福或是灾祸，可以说幸福或是灾难皆有念想产生。所以佛家认为："过于执着于追求名利，最终会掉入火坑中，过分沉溺于贪嗔爱恋当中，最终也会落入苦海。可是内心哪怕只有一个清净的念头，也会让自己脱离火坑，让火坑变成清新的水池，哪怕只有一个醒悟的念头也会叫自己逃离苦海，直接达到彼岸。"可见，想法的差别哪怕只有那么一点点，却会给人生带来迥然不同的境界。如果不谨慎对待的话，就很可能误入歧途！

解 析

一个人要是贪念一起，内心就会燃烧着炙热的贪婪，人生从此换了一个方向，从幸福转向了痛苦，也会因此最终堕入苦海之中。要是能让自己的心境保持安宁，脑子里只有清净的想法的话，就能浇灭心中所有贪婪的火焰。现代有一些人认为生活是否快乐与自己所具有的物质条件有关，这其中包括生活环境的好坏，人生际遇的幸运与否等，都是决定生活是否幸福的关键。实际情况并非如此，幸福除了和物质条件有关，还和人的追求、理想等精神方面的因素相关，而且这关系远比物质条件更为密切。要让自己变得快乐和幸福的方法事实上也不难，多一点追求和理想，少一点贪婪和占有的欲望，自然而然就会提高人的生活品格。凡事多一点自律，就可以品尝到生活的甜蜜。

抱身心之忧，耽风月之趣

人生太闲则别念窃生，太忙则真性不现。故士君子不可不抱身心之忧，亦不可不耽风月之趣。

生活过于闲散就会萌生杂念，忙忙碌碌中的人就很难现出人最纯真的本性。因此，有着高尚节操和丰富学识的君子，切不可让自己的身心过分疲劳，更不可不懂得风月之趣。

孔子一生都很擅长于自我放松，曾有这么个例子可以证明。有一天，孔子正与自己的几个学生聊天，学生们都纷纷说了自己未来的志向和理想，有的人希望能凭借自己的才华振兴一个小国的综合实力；有一部分学生则希望通过自己的所学来提升国家的经济实力，让老百姓都过上好日子；还有人说自己对国与国之间的外交很是感兴趣，因此将来想主持各类典礼仪式。说到最后，孔子看到还在弹琴的曾点，就问他未来的志向是什么。曾点说自己和其他人的想法都不一样，未来的自己只要能在春末夏初，邀上三五好友，到河边踏青、散步、游泳，再开开心心地唱着歌回家就已足矣。孔子听完以后对众人说，自己和曾点的志向颇为相似，可以说曾点的志向就是自己的理想！事实上孔子一生都在践行自己的理想，他克己复礼，小心谨慎，把个人理想的实现作为自己毕生的追求。尽管他对于国家兴旺有着自己很高的责任感，但孔子并非每一刻都保持紧张的状态，自我放松也是孔子生活中很重要的一项任务。

身在其中，心居其外

波浪兼天，舟中不知惧，而舟外者寒心；猖狂骂坐，席上不知警，而席外者咋舌。故君子身虽在事中，心要超事外也。

译 文

船里的人永远都不会知道河面上波浪滔天的模样，更别提会因此感到害怕，只有船外看到波涛汹涌的人才会感到恐惧。吃饭时突然有人猖狂谩骂，坐在席间的人不会因此而产生警惕的心理，反倒是席外的人看到以后会心惊肉跳。所以说，为外界的各种烦琐杂事缠身的君子，即便身陷于各种事端之中，千万别让自己的心灵也跟着陷入其中，务必要超脱于世俗之外，恰到好处地保持头脑清醒。

解 析

做事最怕的就是陷于事情当中，却始终没有认识到这一点，甚至还认为自己并没有身陷其中。结果便是因此谬误而趑趄，误把错误的事情当成是正确的。在现实当中的人，必须具备高尚的修养和良好的素质，才能摆脱烦琐事务对自己的束缚，才会超然于事外，脱离尘世对自己的约束。个人的素质固然重要，他人对自己的意见也是促进自己多多进步、超脱于世俗的重要因素。俗话说得好："当局者迷，旁观者清。"实际上个人的观点有时候会过于片面，如果能多听点他人的建议和意见，对于全面了解实际情况有着极大的帮助，个人也会因此不受情势所左右。所谓"兼听为明，偏听为信"，避免主观意愿参与其中，需要依靠他人的帮助来冷静思考，理智处之。所以说，君子处事要身在事中，心在事外。

增多减少，桎梏此生

人生减省一分，便超脱一分。如交游减，便免纷扰；言语减，便寡怨尤；思虑减，则精神不耗；聪明减，则混沌可完。彼不求日减而求日增者，真桎梏此生哉！

人生不过短短几十年时间，少一分事情，就能多一分超脱世俗的机会。譬如减少与他人交往应酬的机会，就能减少人与人之间争执的可能；人与人之间少一些言语交流，发难和责怪也会因此少一些；愁思和忧虑少一些，人的精神损耗也会减少；少要一点小聪明，就会因此多一些纯真自然本性的可能。人生中多减少一些不必要的外物，就会少掉不少束缚，如果一味地希望增加的人，是在作茧自缚。

东汉时的大将班超被朝廷委派为守护西域的西域都护几十年的时间，直到七十多岁高龄，才卸去了原本的工作职责，从西域回到了中原。接替班超前往西域接受朝廷任命的是任尚，他在前往西域接任之前到班超那儿请教治理西域的策略和建议。与任尚见面之后，班超只是简单地说了几句话："兴一利不如除一弊，生一事不如省一事……宜荡佚简易，宽小过，总大纲而已。"班超的建议是治理西域，首先要有宽容的态度，方式则越简单越好。任尚听完班超的忠告之后，认为班超所说与他人无异，并无新鲜之处，听着感觉更像是老生常谈，于是就没把班超的话放在心上便出关去了西域，甚至在临行前还对身边的人说："我以班君当有奇策，今所言平平耳。"就在任尚上任后短短四年时间，西域各国都纷纷反叛东汉的统治，反过来攻打东汉。而这一切不和局面的出现究其原因还是由于任尚的管理不力，任尚的个性相对于班超而言更为严苛和急躁，对待西域各个民族的态度远不如班超在任时期。可见在治理西域上，班超所说的简单宽容就是求大同、存小异，凡事从全局出发，才能促进各民族的真正和睦。30 年间，班超那看起来最简约的方式将西域治理得井井有条，并且促进了民族融合。

五月

志宏远，行稳健——立业管理怀雄心

安身立命不仅仅为了生存，更大的目标在于立业。经过艰难困苦的千锤百炼之后的君子，必须知晓成就功名不但要在用人方面任人唯贤，且不能眼高手低，更是在人品方面切忌意气用事、做事偏激，要未雨绸缪、坚守道义。

闲时思紧，忙中乐闲

天地寂然不协，而气机无息稍停；日月昼夜奔驰，而贞明万古不易。故君子闲时要有吃紧的心思，忙处要有悠闲的趣味。

译 文

天地之间看起来仿佛是静止的，万物一片寂静，本质上却不是如此，天地之间的日月星辰每时每刻都在运转，不曾有一刻停歇；尽管如此，日月之光辉却保持亘古永恒，永久不变。因此，对君子而言，变与不变全然于心，闲暇时要时时提醒自己保持紧迫感，忙碌时也要停下来想想闲暇时的乐趣所在。

解 析

庄子在自己的《养生主》中提到，人的一生是有限的，真正无限的只有知识。若是用有限的人生去追寻无限的知识，伤神是必然的。尽管知道以有限追寻无限的结果，还在坚持这么做那就太过危险了。为善却不为功名利禄，为恶却还不至于遭受刑罚的屈辱，此类人的做法是将事物发展的自然规律作为发展的基本途径。如此一来保全了自身，更重要的是留住了自我天性，仅有此类人能享受人生，颐养天年。

这段话里庄子提到了"顺应事物的常法"，说的就是要遵循事物发展的自然规律。这本是道家所提倡的"无为"观点的一种典型体现，为的是劝说世人不要刻意去改变什么，要了解大自然的变化，并顺应其发展的个性，在适应的过程中调整自己的情绪，平衡自己的身心，体会生活中的各种最为纯真自然的乐趣。

木石意志，云水趣味

进德修道，要个木石的念头，若一有欣美，便趋欲境；济世经邦，要段云水的趣味，若一有贪著，便堕危机。

译文

修德磨炼之人，须有木柴和石块一般的意志，坚韧不动摇，一旦对世俗的荣华富贵动了贪念，就会陷入为世俗所奴役的境地；要治理国家、济世兴邦之人，须淡泊名利，仿佛行云流水一样的心胸去面对世事，若非如此，一旦混入了贪念，就会跌入万劫不复的深渊。

解析

在信州正受庵的庭院里面，有一块当时原藩主调任官职时留下来的石头，这块石头非常具有纪念意义。新的藩主到任了之后，很快就发现了这一块价值连城的奇石。在他获知了这块石头是前任留下的纪念品时，就动了贪念，他几次三番让人来正受庵恳求庵里的和尚将其石头赠送于他，以满足自己的贪欲。不过无论怎么催促，住持天龙和尚一直没有同意。反复多次了之后，主持还是婉言回绝了新藩主的请求，还说："这块石头无论如何都不能赠予他人，只因这是原藩主留下的纪念品，是他的一片心意。"到最后新藩主愤怒了，盛怒之下大声呵斥道："要是还拒绝我的请求的话，就立刻搬出我的辖区。"为此，天龙和尚当天就坦然地离开了正受庵，离开之前在寺墙上用大字书写了一道歌偈："青山高名庵深，宝石岂可力动。"见了天龙和尚在墙上留下的这一首歌偈，新藩主感到追悔莫及，最后还是放弃了把这块石头占为己有的念头，甚至还派遣自己的手下去寻回天龙和尚。只可惜他的一片心意没再挽回高僧，打那以后再没有天龙和尚的音信。从这个故事当中就可以看出，住持天龙和尚正是一名有着如木柴和石头一样不动摇意志的得道高僧。

得民心者得天下

燥性者火炽，遇物则焚；寡恩者冰清，逢物必杀；凝滞固执者，如死水腐木，生机已绝。俱难建功业而延福祉。

性格暴躁的人就好比是一团燃烧着的火焰，跟他在一起的话就会触到火焰，烧掉自己；但凡刻薄寡恩的人都如冰块一样坚硬寒冷、冷酷无情，与他接触的人都会遭到他的毒手；固执呆板不灵活的人，就好比是一潭死水，无论怎样都激不起任何生机，与他在一起的人也同样找不到生气。上面所说的这几类人在建功立业方面都会遭遇诸多的困难，很难为百姓、为大众做出出色的贡献。

孟子说过："得民心者得天下，失民心者失天下。"可见孟子深知民心的重要性。孟子的学生曾请教过孟子，夏桀和商纣成了亡国之君的原因是什么，为何此二人就会失掉自己的国家呢？孟子的回答很简单，他说二人成亡国之君的原因并不难解释，只因二人都失去了民心，缺少了百姓的支持，二人只能成亡国之君。施仁政的君主，百姓通常都很信赖，这个道理很浅显，很容易理解，就好似水往东流、兽奔旷野一样稀松平常。正是因为夏桀和商纣的昏庸无道，才给商汤和周武创造了机会，就好似将民众的信任空手交予对方一样。把鱼儿向远处的水潭中赶，最终自己身边也就没有鱼了；把鸟儿赶到离自己很远的丛林中去，自己也就跟着失去了那些鸟儿了。民众也是如此，荒淫无度的君主对民众几近残暴的统治，就好比是赶走鸟儿、赶走鱼儿一样，把民众从自己的身边赶走，失去民心就成了必然的结果，夏桀和商纣就是这样把民心从自己身边赶走了。要立国需得民心，尽管各人有不同的治国方式，但有一点必须时刻牢记，民心至上。

气度高远，中庸合道

气象要高旷，而不可疏狂；心思要缜密，而不可琐屑；趣味要冲淡，而不可偏枯；操守要严明，而不可激烈。

为人一定要气度高远旷达，有广阔的胸襟，但这不代表就要表现得特别张狂；为人自然是要心思缜密，做事要考虑周全，但这不代表就要把事情分得七零八碎；为人的趣味要高雅清淡，志向要高远，只不过清雅不代表简单枯燥；为人一定要正大光明，只要不过于偏激就好。

解 析

临济门下曾有禅将三圣，在领悟禅意方面都有很高的造诣。有一次此人前往拜访老禅将雪峰。到了那儿之后，年轻的禅将便直截了当地开口问老禅将："在江中撒网，无意中有一条此前逃了好几次的金鲤被捕，这条鲤鱼的捕获很是不容易，那这样一条金鲤是靠吃什么才长得这么大的呢?"三圣的话中有话,他将自己比成了河里的金鲤,他所突显出来的自信和能力,表现了自己在禅将继承方面的信心,那种盈满了刚毅气质的铮铮铁骨和当仁不让的禀性也让他的前任雪峰感到了年轻人的魄力。雪峰听完了以后,只是回答了这么一句话:"只要你能从这张网里再一次逃出去,我就给你你想要的答案。"面对年轻的三圣,雪峰作为一个老禅将表现得还是非常沉稳,一句话就扼住了三圣的禅锋。此番下来,三圣还是当仁不让,继续发问:"我知道您老人家作为一代宗师,手下曾有一千五百余人,就连这一点点问题都还点不破吗?"三圣所表现的态度始终很强硬,只为表现出自己主动不退让的气势。相比之下,雪峰则表现得比较淡然,他答道:"老僧如今是个住持,日常的事情太多,都有些处理不过来了,再加上年龄大了,如今你要这么问我,我就只能这么回答了,可能答案不是你想要听到的,还望见谅。"雪峰的态度始终就是这么云淡风轻的。看起来这场争辩三圣似乎占了主动,在禅锋上三圣明显胜于雪峰。实际上却并非如此,雪锋在论战中的表现固然是虎头蛇尾,实际上他用了四两拨千斤的方式把三圣年轻的锐气完全包容在其中。如此的沉稳老练实在不是三圣这个年轻人可以比较的,这完全是让外人肃然起敬的一种气度。一只小鲤鱼尽管能逃得了一时,却在如此老道的捕鱼能手面前逃不了一世。哪怕是再锋利的矛也不能一下就刺穿金盾,而再高耸的山也是穿不破云霄的。

防微杜渐真英雄

　　小处不渗漏,暗处不欺隐,末路不怠荒,才是个真正英雄。

　　为人处世要细致入微,要防微杜渐,要防止那些由于粗心大意或是遗漏疏忽带来的隐患,明人不做暗事,不要在看不到的地方做一些不光明磊落的事情,也不要自认为已经穷途末路或是在山穷水尽的时候就轻易放弃和荒废,做到以上这些,就可以称作是一名真英雄了。

曹操有一回准备接见匈奴来的使者。接见之前，曹操因为害怕自己身材短小难以服众，于是决定让看起来更有威严的崔琰做自己的替身，代自己去接见来自匈奴的使者，接见时自己就站在他的身边握着刀充当侍卫。两方会面结束了以后，曹操遣自己的使者询问匈奴来使："魏王如何？"匈奴的来使回答："魏王仪表堂堂，丰采高雅，是旁人不可比拟的，只不过身旁那个握刀人看起来更像是真英雄。"这个例子说明一个人的外貌长相可以为人所替代，唯有自己的气质举止是独有的。荀子认为长者的气质举止一般来说是这样的：高高的帽子，宽宽的衣服，表情很温和庄重，行为很严肃大方。荀子还提出年幼的人气质举止应该是这样的：大大的帽子，衣服宽敞，表情很是谦逊温和，行为很亲和端正，一般都表现得很是亲切勤勉。荀子认为小人的丑态是这样的：压得低低的帽子，帽檐还往一边歪着，他们的帽带和腰带一般都系得松松垮垮，表情更是傲慢不已，行为举止也轻佻迟缓，遇事的话容易惊慌失措、消极沮丧，他们会常常在喝酒吃食当中沉醉迷乱，在待人接物中也缺乏耐性，对人的态度很是不好。

千锤百炼，身心交益

横逆困穷，是锻炼豪杰的一副炉锤。能受其锻炼，则身心交益；不受其锻炼，则身心交损。

飞来横祸和贫穷困苦是淬炼英雄豪杰的最好工具，经过这两方面的淬炼后，一个人才能真正成为英雄或是君子。只因为经受了这般淬炼之后，无论是体力还是心灵都会有质的提升；要是忍受不了这般痛苦的淬炼，结果就不尽如人意了，在身心方面都会有很大的损害。

《孟子·告子下》一文中说道："天将降大任于斯人也，必先劳其筋骨，饿其体肤，空乏其身，行拂乱其所为，所以动心忍性，曾益其所不能。"这段话的意思是，一个要成为君子或是豪杰的人，必须经过多重的考验才能最终成才，这是上天的安排。一个在很多事情上都遭遇过挫折和困难的人，才会知难而进，痛苦会带给他前所未有的感受，促使他一直往前行，复杂的情形也会敦促他改善自己为人处世的方法，多方面地了解他人，也让他人了解自己。一个人尚且如此，一个国家更是这样。国君身边若是缺少有知名度、才华横溢的得力助手，外部又没有力量相当的敌人让自己感到忧患的话，只会让自己放松对自己的监督和督促，由此一来就会走向衰亡。人们常说内忧外患才能让人立足，安逸快乐只会招来灭亡，正是这个道理。唯有在逆境中领悟到前进动力的人，才是真正的英雄好汉。

功名一时，精神永存

事业文章随身销毁，而精神万古如新；功名富贵逐世转移，而气节千载一日。君子信不当以彼易此也。

人去世了，他所创下的事业成就以及所写的文章都会随着人的逝去而消亡，唯一能够保持永恒的只有圣贤的精神；时间的流逝会带走原本属于自己的功名利禄和荣华富贵，唯一能够留存于世且不受时间影响的是高尚的气节。所以说，真正才高八斗且道德品质都很高尚的君子是不会舍弃永恒的圣贤精神以及高尚的气节，却固守着一时的功名利禄和事业成就的，这对于他而言是捡了芝麻丢了西瓜。

解 析

孟子曾在自己的书中提到"鱼是我的最爱，熊掌也一样是我的最爱。既然两者不可兼得，那必然只有舍弃一样，那只能是放弃鱼选择熊掌。同样的道理，我很热爱我的生命，同时我也热情和崇尚仁义，可是两者也是不可同时兼得的，所以只能留下仁义放弃生命"。荀子说过，人之所以为恶就是因为缺少仁义，缺少仁义的人就会毫无节制地玩弄奸巧。施行仁义的作用是很显见的，对内对人的言行举止进行节制，对外可以规范事物；向上能够稳定君主，向下能使百姓和谐相处。东汉时期的荀巨伯曾经出远门去探访一位自己病重的好友。正巧遇上了敌人攻打郡城，城里人因为担心战争伤害到自己，纷纷弃城而逃。病重的好友见到他以后，对他说："如今我的时日已经不多，你也不必留在这个危险的地方，还是先走吧。"巨伯听完以后很坚定地说："你觉得我荀巨伯是那种贪生怕死的小人吗？这种没有仁义只为自己求生的事情我是坚决做不出来的。"说完以后，他始终坚持要留下来。当敌人攻进城以后，见到了荀巨伯，就问他为何有胆量独自一人留在城中，究竟是什么样身份的人。巨伯听完以后回答："我来探望我病重的好友，我看着他病得很重，不忍离去，只为照顾好他。如果要赎回他的生命，需要牺牲我自己的话，我很愿意。"敌人听完以后十分感慨："没想到这是个仁义之国，可惜被我们这些无仁义之人给攻进来了。"话刚落音，敌人就班师回国了，再也没有攻进郡城，郡城也因此得以保全。

任人唯贤，事业之基

德者，事业之基，未有基不固而栋宇坚久者；心者，后裔之根，未有根不植而枝叶荣茂者。

高尚品德是成就一生事业的基础，要是没有打稳根基的建筑就不能坚固耐久，也不能长时间屹立不倒；前人栽树，后人乘凉，前人的心意是后辈的根本所在，没有根的植物是不会枝繁叶茂的。

解　析

《论语》中提到，身边有一帮能为自己两肋插刀的至亲朋友不一定能成就事业，德才兼备的人才是最佳的事业伴侣。《荀子》中也提到，周文王立下了灭商的大业，身边并没有亲戚子弟，更没有近幸宠臣，他没有这些人给予他支持。文王的所有依靠都来自一个普通老百姓——姜子牙，文王把所有的国家大事都对其委以重任。对于当时还很重视亲情关系的社会来说，周文王的尝试很大胆，文王和姜子牙没有任何亲缘关系，且两人此前从未相识。姜太公出仕时已经有 72 岁高龄，文王何以启用一个已经古稀之年的老人呢？文王的目的很明确，他只希望能灭商来建功立业，治理好自己的国家，而姜子牙的才华正好能满足他的这个需求。

历史上传说尧有十个儿子，可是这十个儿子都没有成为他的后继者。尧把自己的王位禅让给了德才兼备却和自己没有一点血缘关系的舜，因为在尧看来，舜是最合适的人选，他的才能和德行都配得上王位。舜也有九个儿子，但他和尧一样不把王位传给自己的儿子，而是学习尧把王位禅让给了禹。只因为大禹也是个伟大的人，在治水方面立下了汗马功劳，给国家和人民做出了极大的贡献。所以说周文王启用了已经古稀之年的姜子牙，也同尧、舜一样是任用贤能，不任人唯亲。文王重用姜子牙就是希望他可以助自己灭殷兴周。关于这一点在周武王去泰山朝拜的时候，诗中心心念念"虽有周亲，不如仁人"等话语，可见他对姜子牙是多么信任和多么重视。

福祸生死，真知灼见

遇病而后思强之为宝，处乱而后思平之为福，非蚤智也；幸福而先知其为祸之本，贪生而先知其为死之因，其卓见乎。

只有在病中才会感觉健康是最重要的，是生命中的宝贝，只有在动乱当中才会感知和平的幸福，是人生最安稳的日子，这一切都算不上是先见之明；在得到幸福之前预知幸福并不是好事，这都是灾难的根本，真正的高瞻远瞩的表现是珍惜生命，却预先已经了解到生命一定会走向死亡。

解析

有一次孔子去游览泰山，突然看到前面荣启期衣衫褴褛，尽管粗布麻衣，但仍旧系着绳索，很自在地在一面弹琴，一面唱歌。孔子很是好奇，就前去问他："我想问问你为何这么快乐呢？"荣启期回答道："天地间孕育了种种飞禽走兽，昆虫鱼虾，但在这其中人是最高级的动物，也是众动物中最尊贵的。既然能为最尊贵的人类，岂不是人生一大乐事？"孔子听完他的话以后一时间感觉醍醐灌顶。孔子的马厩有一次失火了，他急急忙忙跑回去，看到家人第一句话问的是："伤到人了没有？"得知全家人都安然无恙了以后孔子便不再询问了，他一点都不关心马是不是受了伤。荣启期的快乐理论在于在世为人，孔子在家中马厩着火之后仍旧把关心的重点放在人是否受伤的问题上，这都和人的智慧、高贵品质有关。就是这智慧和高贵品质将人类衬托得无比的尊贵，生命才显得那样的重要。悟透了生与死的道理，就算是超越凡人的真知远见。

非分之想，落入陷阱

非分之福，无故之获，非造物之钓饵，即人世之机阱。此处着眼不高，鲜不堕彼术中矣。

译 文

那些不属于自己应有的福气，那些无缘无故降临到自己头上的好处，要是这不是造物主特意安排的诱饵的话，那就是人世间有人特地为自己设下的陷阱。在此时没有高瞻远瞩的目光，就容易会坠入这些陷阱当中，掉进圈套里面。

解 析

春秋时期，韩、魏两国有共同的边境线。有一段时间两国起了边境争端，那个时候魏强韩弱，两国交战的时候，韩国就因为力量比较弱小而吃了亏，为此韩国的国君感到很是郁闷。韩国的贤人华子见国君如此发愁，就斗胆进谏昭僖侯停止和魏国的战争。华子是这样劝说自己的国君昭僖侯的，他说："要是您收到他人与您结盟的誓约的话，且有人告诉您只要您订下这份誓约的话，那么拿到誓约的人就可以得到天下。只不过您不论伸出哪只手去拿那份誓约的话，都要砍掉这只手，伸出来的是左手就要砍左手，伸出来的是右手就要砍右手。那您还要想吗？"昭僖侯说："要是那样的话，我怎么可能去要那份誓约呢？"华子接着说："您既然明白这个道理，知道与其拥有天下还不如保全自己，那为何又为了边境之事和魏国大动干戈呢？要知道韩国虽然比不了天下，但您与魏国所争的边境之地就更不值得一提了，这么一点点小利益还值得您牺牲自己的国家来争夺吗？"华子的一番话说明了一个道理，求安最根本的还在于避害，只有避害才是求安的根本。求安首先要不见利忘害，不为名伤己，还有就是不能随便有非分之想，想入非非，也不和他人争强好胜，没有了这些行为，祸害自然就不会来。古人说：无病无忧，一箪一瓢，自是福气。俗话说"傻人有傻福"，这个道理在于他们虽不善于去投机取巧来谋取个人的福利，无意间他们也就趋利避害了，少了烦忧，自然得以保全自己。

要留一世清明，保全自我就不能妄求那些非分之财。这里举个例子来说明这个道理。列子生活很是清苦，常常饿肚子。有人看见了，就同郑国的上卿子阳提及了列子的事情："列御寇是一个得道之人，在您所管辖的国家里生活何等清苦，难道是您排斥贤良之人？"子阳听说了以后，立刻就派人给列子送去了粮食。列子见状并不为所动，一再地推辞。子阳所派来的官吏走了以后，列子进了屋，他的妻子就抱怨说："原本认为嫁给你这个道德高尚之人为妻，能够享尽一切荣华富贵，怎可知天天都要忍饥挨饿。郑相子阳欣赏你给你送来了粮食，不曾想你却一再地拒绝，难道是要一辈子就这么忍饥挨饿吗？"列子听完以后笑着对自己的妻子说："我不是因为郑相子阳的好意不心领，只不过他并没有亲自来了解我的为人，不过是他人的几句话而已，他就派人给我送粮食。有朝一日，他对我不是也会'欲加之罪，何患无辞'吗？这便是我不愿意接受的根本原因。"

静中取动，以静制动

好动者，云电风灯；嗜寂者，死灰槁木。须定云止水中，有鸢飞鱼跃气象，才是有道的心体。

译　文

天生就好动的人就仿佛是天上的闪电一般飘忽，又似风中摇曳着的灯火一样时明时暗；一个对安静有着异常嗜好的人，就好比是已经熄灭了的灰烬，又好像是失去了生机的枯木。这些从中庸之道的角度来说是不符合中庸标准的，真正的中庸要像在静静的天空中翱翔的鸢鸟，要像在平静的水面下跳跃着的鱼儿，要超越现实达到理想的状态，就须有此类心态来观察世间万事万物。

动静本身就是一对矛盾，道家的老子在对立统一这方面的理解与他人不同，很是精辟，颇有见地。老子提出，世界万物若是"有"，那么它们的来源都是"无"，也就是"无"产生了"有"。对于动静而言，也应该是"静"产生了"动"，世间一切事物的最初源头都是"虚静"，经过了一系列的运动、变化、发展之后成了原来的"静"。之所以这么说，原因在于所有事物都是在恪尽职守地静守着自己的本源，吸收来自于大自然给予自己的馈赠，从生到死，在生老病死的循环当中新旧更替，最后全然都归于天然的宁静。总的来说，"动"是事物的表现和动态，而只有"静"才是根本和最终的本质。通常表现都很急躁的人，一般都是成事不足、败事有余的人，甚至很难把自己的生活经营得很好。一样的道理，推之国家也是如此，动荡不安的国家就很难有大的建设成就，尤其是政局不够稳定的情况下就会迅速自我灭亡或为他人所灭亡。道家在"动""静"之间更看重"静"的作用，老子的思想给后世带来了极其深远的影响，后世小到读书、个人修养，大到治国、平天下，讲究的策略都是"以静制动"，从此也可以看出这一思想的重要影响。

立名者贪，用术者拙

真廉无廉名，立名者正所以为贪；大巧无巧术，用术者乃所以为拙。

真正廉洁的人不一定要靠廉洁的美名来打造自己，一心只想着给自己树立名望的人，大多都是贪图虚名之人；真正聪明的人不会依靠玩弄各种伎俩来标榜自己聪明，耍各种花招技巧的人大多都是为了掩盖自己的愚蠢和拙劣罢了。

孟子认为，那些能日夜流淌、源远流长的泉水大多数都有固定的源头，这样才能有不断的水源让其注满所有低洼的地方，最后再奔流至海，汇入大海当中。缺少了源头的水流，尽管当夏季雨季来临的时候，河水到了汛期也能填满各种沟渠，但一旦雨季结束，河水就会干涸了。名誉如果只是虚有其名而没有事实，君子是看不起徒有虚名的名誉的。孟子也认为，赞扬再多其中总有意想不到的，诋毁再多也有过于苛求的，在世为人都必须明白这个道理。古话说得好："聪明得福人间少，侥幸成名史上多。"一个人一辈子浪得虚名的事情确实很常见，绝对不能相信这些虚名。必须在不同的人当中识别出哪些是伪君子和小聪明，哪些是真正清正廉洁的人和聪明至极的人。

求福避祸，取自自身

天之机缄不测，抑而伸，伸而抑，皆是播弄英雄，颠倒豪杰处。君子只是逆来顺受，居安思危，天亦无所用其伎俩矣。

天之玄机高深莫测，有时候会让人压抑，有时候让人伸展，有时候会在压抑中伸展，有时候会在伸展中压抑，但不管是得意的还是失意的，所有的一切都是用来捉弄自视甚高的英雄以及自傲的豪杰的伎俩罢了。换句话说，君子总能用一种坚韧的态度去面对上天的安排，居安思危，上天对其也是相当的公平，从来不会在其身上使用任何伎俩。

月有阴晴圆缺，人有旦夕祸福，是福是祸都取决于自身。人可以求福，也可以选择避祸，不管是哪种选择都在于自己。在安危之间一定要做到居安思危，在治乱之间一定要做到治不忘乱。求安必须要思危，退后一步是为了前进，保住治的局面要因为对乱世的恐惧，生存的根本就在于要避免消亡。孟子的学生曾向他询问过这样一个问题："治国要如何让自己的国家避开祸害？"孟子当时的回答很是耐人玩味。孟子是这么回答的："要治国安定的话，首要是要施行仁政，除此以外更重要的就是防患于未然。"在细节处防微杜渐，在安定时思考危险的可能，这便是孟子的主张。所以说当一个国家处在安定且无外患的局面下，就要开始制定一些清明的法律和政治制度，只有那样坚持下去才会让国家强大起来，即便是再强大的别国也会因此惧怕这样一个对手。要是放弃了如此好的机会的话，一味地在靖平时期贪图享乐，从此懈怠，忘记潜在的危险的话，那结果便是可预见的自我毁灭。

人品极处，贵在自然

文章做到极处，无有他奇，只是恰好；人品做到极处，无有他异，只是本然。

把文章写到最妙处的方法其实没什么秘诀，也没什么好奇怪的，不过就是把自己想要表达的写得恰到好处罢了；人品也是如此，要把自己修炼到最高的品德境界的话，也没有其他的捷径和高明的方法，不过就是表现出自己最本真的模样而已。

把文章写到最妙处的方法其实没什么秘诀，也没什么好奇怪的，不过就是把自己想要表达的写得恰到好处罢了；人品也是如此，要把自己修炼到最高的品德境界的话，也没有其他的捷径和高明的方法，不过就是表现出自己最本真的模样而已。

子贡曾向自己的老师孔子请教："君子都爱美玉，却始终没给过美玉太高的评价，这是什么原因呢？难道只因为看起来像玉的赝品太多，真正的美玉数量太少的缘故？"孔子听完后回答："唉！端木赐，看你这话说的，君子难道也认定物以稀为贵，凡是数量多的就不觉得它珍贵吗？本来君子就会用无瑕的美玉来形容和比喻高尚的道德。玉色泽柔和且光泽鲜亮，这就好比是仁慈的美德；玉材质坚硬且表面有漂亮的纹理，这就好比是很高的智慧；玉质地很是坚固不轻易被弯曲，这就好比是道义；再有玉上虽有棱角却不伤人，这就好比是很高的德行；玉宁折勿弯，这比的是坚定的勇气；玉上有瑜但同时也可能有瑕，二者兼有，这就好比是坦荡的胸襟；试着敲一敲玉，它会发出很清亮的响声，而且能传播到很远的地方，可是一旦停止敲击的话，它的响声就会戛然而止，这比的是做事干脆利落。因此即便在那些看起来也同美玉相似的石头上雕上再美丽好看的花纹，它也远不如玉本身的晶莹剔透，坚硬不摧。这就是《诗经》上说的'思念君子，温和如玉'中蕴含的道理。"

《庄子·天运》中曾记载了一次孔子前去拜访老子，与其相讨仁义的问题，老子为此对孔子谆谆教诲的话。当时老子说道："在整理稻米的时候，米糠纷纷扬扬不小心飘进了眼睛里，这个时候看什么东西都看不清楚，感觉天地都颠倒了。蚊虫会叮咬皮肤，叮咬之后的痛痒会让人通宵不能入睡。仁义和米糠、蚊虫没太大区别，也会给人带来一定程度的毒害，甚至是叫人感觉昏聩糊涂的惨痛，不夸张地说，仁义比起其他伤害人的事物来说更为危险，是这世上最具危害的事物。倘若要天下人都保持淳朴纯真的本性，那就任由其按照其发展规律发展，顺其自然，何苦一再强调所谓的仁义，好像追着赶着人家后面跑一样，这样大肆张扬地追着人们要仁义这不是背自然规律而行吗？白色的天鹅天生就是白色，无须漂白就已经洁净纯白，黑色的乌鸦本来就是黑色的，无须用黑色浸染就已经黑如墨色一般，不管是天鹅的白还是乌鸦的黑都是自然使然，也就没有优劣之分，像名誉这种外在的东西就更不值得大肆张扬地到处宣传了。河水干了，生活在河水里的鱼儿无处可去，只好彼此相互依偎在大陆上暂时维持生活，活下来的办法仅仅只有一个，靠着彼此口中吐出来的一点点唾沫的湿润继续生存，与其生活得如此痛苦，不如干脆在江湖里彻底地忘记彼此。"

老子的这段话说明了一个道理，无论是谁，为人处世最佳的方式便是顺其自然，不要贪恋名声和仁义这些外在的东西，更不能因为这些外在的事物而失去了最自然淳朴的本性。简单来说，就是要回归自然和本身，脱掉身上所有的伪装。回归本真其实不是停滞不前，而是要在原有的基础上精心打磨后提升自我，只有这种在磨炼后的回归才会让人在言行举止上回归最真实的自觉和高尚。

盛极必衰，居安忧患

衰飒的景象，就在盛满中；发生的机缄，即在零落内。故君子居安宜操一心以虑患，处变当坚百忍以图成。

译　文

繁华的盛况中往往隐藏着最衰败凋零的景象；植物的生长也是如此，在换季的凋落中孕育着的往往是下一季草木生长蓬勃的生机。因此，对君子而言，首先要做到防患于未然，处在最安稳平静的顺境中就要做好逆境里的充分准备，而处在动乱和灾祸当中时，更要默默忍耐以此来期待成功机遇的酝酿。

解　析

《易经》中说到了"月中则昃，月盈则亏"的道理，这个道理说明世间万物的变化规律都是由盛及衰，谁都避免不了。其实衰败并不是突然出现的现象，而是在极盛时期就已经出现了苗头，兴盛的模样便是衰败到来的一个信号。这就是提示人们居安思危的一个最关键的原因，兴盛时期要提醒自己预防衰败的到来。汉成帝一次想邀班婕妤二人同车去游后花园，可惜班婕妤却不愿意同行，婉言谢绝说："可曾见到古人的画中，贤良的国君大多身边陪伴的都是名望高且贤良的臣子，而非宠妾，只有夏商周三代的末世君子才有如此行为。如果我答应了陛下的要求，同车共游后花园的话，后人一看，陛下岂不与夏启、商纣等昏君一样了吗？"太后听完了班婕妤的话后，心里很是欣慰说："如今的班婕妤可比古代的贤慧樊姬。"只不过班婕妤如此贤良，自然招来了他人的忌妒，赵飞燕得知以后就开始诋毁班婕妤诅咒后宫，甚至在后宫辱骂皇上。成帝听完赵飞燕的话以后就去盘问班婕妤，班婕妤内心自然感觉冤屈，不过她还是很平静地说："古人说：生死有命，富贵在天。臣妾自知自己品德端正，修养端正，尚不能得到上天的垂怜，获得一点点上天赐予的福分，又何尝想过要去为恶呢？若是如此，臣妾又有何所图呢？假如上天有知，自然会明白是哪些奸佞小人在背后对他人进行妄加指责，要是上天连这都不知晓，那臣妾向上天祷告和祈求又有何所求呢？所以臣妾不可能有此作为。"成帝听完了班婕妤的一番话，心中顿时明白了，他知道班婕妤所说的颇有道理，于是赐其黄金、白金，还赦免了她原本的罪过。可是经此一事，班婕妤知道赵飞燕是个善于妒忌的女人，时常在成帝面前千娇百媚地进自己的谗言，因为担心再有此类事件发生，班婕妤自己提出来要去长信宫陪侍太后。从班婕妤的作为中看出，从不与君主同车游到后来对君主避而不见，在做这些事情之前她都始终保持清醒，知道自己得宠必然会藏着某种灾祸，于是她做好了灾祸到来时的准备，并用巧妙的方法成功地化解了落到自己身上的灾祸。

意气用事，难成大业

凭意兴作为者，随作则随止，岂是不退之轮？从情识解悟者，有悟则有迷，终非常明之灯。

译 文

一个人意气用事来做事的话，兴趣浓时则做得多，只要兴趣一消除，行动也就戛然而止了，这怎么可能是永远保持高涨热情持久做下去的事情呢？要领悟事实本质，若是一味地从感性的情感出发，尽管有所领悟，但终究是要有很多困惑解不开的，这样的话智慧就不会如长明灯一般常明了。

解 析

打定主意要开始着手做一件事情并非一件难事，但要坚持不懈地完成一件事情就不那么容易了。有的人剃头挑子一头热，在尚未对自己要做的事情进行多方面的评估和对困难的预计时，就已经开始做了，结果是只要一碰到困难和挫折，就连忙停止了自己手上的动作。还有些人尽管做了一定的困难评估，但是当实际困难超出了他此前的预测时，他也就选择了放弃。甚至有人在眼看着就要成功的时候，还是功亏一篑，这实在是可惜了。孟子把人们的行为比作了挖井，一个人一直挖一直挖，没看到水，就再继续挖，还是没看到水，他就停了下来，实际上是他离挖到水已经很近很近了。这么说来的话，不是他挖不到水，而是他自己抛弃了可能出现的结果，是他自己选择放弃了自己。一切的错就在于自己没有坚持不懈的意志。

人各有志，有人想当一名航海家，有人想当数学家，还有人想当大医生，等等。可是真正过了很多年以后回过头来看看，有多少人能真正实现自己最初的梦想呢？当然每个人的情况有所不同，有的人是因为客观条件的限制，有的人是主观期望本身就过高等，但绝大多数的情况还是自己无法坚持，这才让梦想落空了。

俗话说："樱桃好吃树难栽。"不管事大事小，要做成一件事情都不是一件易事，前方的困难险阻很多时候都会超出自己的想象，可是只要是有心人就一定能想办法克服它们。"只要功夫深，铁杵磨成针"，事业有成之人定是积极面对一切困难挫折的人，他们尽管失败过，但绝不气馁，凭借着满腔的热情和坚持不懈的毅力走到了最后。

奇而不异，清而不激

能脱俗便是奇，作意尚奇者，不为奇而为异；不合污便是清，绝俗求清者，不为清而为激。

超越凡俗的人便是奇人，刻意而为、标新立异者就不能称之为奇，而是怪异；不肯落入俗套污流的人才是气节高雅之人，若为了标榜自我清雅而脱离社会的话，就不能称之为气节高雅之人，而是偏激者。

解析

哀公曾问孔子："什么样的人才能称之为士？"孔子回答："所谓士定要遵循治国的原则方法，尽管他们不一定完全了解其中的内涵；士一定要在精神上有所坚持，尽管无法做到尽善尽美。所以对他们的要求是知识不求量多，只要足够用来审查自我认识对错与否即可；话语也不求良多，只需足够用来审查自我经历对错与否即可。从那个时候开始，他们所掌握的那些知识，说过的那些话语，做过的那些事情都好比是自己的皮肤一般，和自己的品格身体紧紧地依存在一起。从此开始，士不会因为富贵增加什么，也不会因为卑贱而损失什么，士便是士。"在孔子看来，士必须是行为举止很有节制的人，他们所追求的一定是自己的原则和方法，说话要有板有眼，做事要有根有据，这才能预料自己所有的行为举止造成的结果为何，并且用坚定的意志来追求这一必然来到的结果。如果士照着自己的原则做事，未曾得到自己所预想的结果，他定会再次投入去执着地追寻。

思想超越了凡夫俗气，才能从中悟出真道。曾有一个僧人向赵州和尚询问道："赵州桥声名远扬，我慕名前来，却不曾想不过是这么一座小小的石桥罢了。"赵州和尚回答："在你眼里只有小桥，却不见石桥。"这一僧人不解地问道："那在你眼中的赵州石桥又是如何的呢？"赵州和尚继续回答道："此桥既可过驴，也可过马。"以赵州和尚看来，在经历多年的驴踏马践，还始终屹立不倒，这就是赵州桥的精神。

当局者迷，旁观者清

议事者，身在事外，宜悉利害之情；任事者，身居事中，当忘利害之虑。

 译 文

站在旁观者的角度去评论一件事，才能全面客观地了解事情的来龙去脉，掌握所有利害关系；在事情当中的当事人要客观认识事情的始末，就要先摆脱个人的利害得失。

解 析

俗话说："当局者迷，旁观者清。"可见，要对人和事做出绝对公正客观的评判，必须超然事外，站在第三者的旁观角度来全面认识，扩宽思路才行。孟子在齐国的时候，一次在齐国边境的平陆地区与当地的父母官孔距心见了面，两人开始讨论起来。孟子问孔距心："要是自己的部下或是兵士一天犯了三次错误，而且均是严重的失职表现，你会怎么办，开除吗？"孔距心回答说："我不会给他那么多机会，只要有一次失误我就会开除他了。"孟子继续问道："如果这么说的话，那自己是不是也有很多失职的地方？如今这年头不好，到处都饥荒成灾，遍地都是饿殍，很多年老体弱的人被抛尸于山野之间，壮丁也都因此逃亡各地，仅仅是我知道的就有上千人了，难道这不是你作为父母官失职的地方吗？"孔距心申辩说："我并没有失职啊！尽管灾荒很严重，但是我已经尽我所能去安置灾民。至于你说的饿殍遍野，那已然是超过我能力范围之外的事情了。"孟子于是给他打了个比方，继续说："那如果现在有一个人，给他人放牧牛羊，如果要做好这件事情，首要的事情是要给他所放牧的牛羊找到合适的草场。假如没找到合适的放牧场所的话，他就完不成放牧的任务，难不成他要把牛羊退回给原来的主人？否则他只能眼睁睁地看着牛羊一只只被饿死。"孟子的比喻很说明道理，在其位谋其事，这就是做事的基本原则。在这个职位要做就要尽量去完成，做不了就尽快退出，否则的话带来的一切后果不是自己可以负责的。

简单来说，孟子想说的不过也就是"当局者迷，旁观者清"的道理。只有在两种情形之下，才需要人们亲自去体验尝试和探索，才能感受到事实的真相，也才能获得自己所要收获的。

操行严明，谨慎近人

士君子处权门要路，操履要严明，心气要和易，毋少随而近腥膻之党，亦毋过激而犯蜂虿之毒。

译 文

正人君子在位高权重之时，必须有严明的自我要求，无论是道德行为还是操行品性都必须刚正清明，必须做到心胸宽广，态度随和，切勿和那些品性不好的小人接触过于频繁，更不能和那些如蛇蝎一样阴险狡诈的恶人交往过甚，交往过密只会反遭其害。

解 析

曾有两个云水僧人去庵堂拜访雪峰和尚。雪峰和尚见有客人来访，而且来访者是僧人，于是轻轻推开庵门，缓缓地探出身子询问二人："这是什么?"僧人跟着也问道："这又是什么?"雪峰和尚听完以后低着头回到了自己的庵堂里。两个僧人见雪峰和尚回去，于是掉头就去了岩头和尚的住处。岩头和尚见到来访的两个僧人，便问他们："你们从哪里来?"两个云水僧回答："从岭南而来。"岩头和尚继续问："你二人可曾去过雪峰和尚那里?"二人回答："去过。"岩头和尚继续问二人："雪峰和尚可曾对你们说过些什么?"两位僧人把自己之前在雪峰和尚那里所经历的事情一五一十地告诉了岩头和尚。岩头和尚接着又问："那雪峰和尚是怎么回答你们的问题呢?"两个僧人紧接着回答："雪峰和尚低着头回自己的庵堂了，什么回答都没有留下。"岩头慨叹："当年蜀国的丞相诸葛亮亲自领军北上攻打魏国，当时蜀军驻扎在祁山，负责蜀军后勤粮草供给的是李平。此刻正逢夏秋之交，阴雨连绵以导致道路交通受阻，军粮的运输因此受到了很大的影响，李平因为害怕担责任就跟诸葛亮假传圣旨命其撤军。诸葛亮接到圣旨以后，就开始准备撤军，没想到李平居然对此还表示很是吃惊，不知为何诸葛亮要在粮草充足的情况下突然撤军。他这么做的理由不过是为了搪塞过去，以逃避责任罢了。与此同时，居心叵测的李平还暗自向刘禅报告是因为自己的建议，诸葛亮才班师回京的，这个策略的目的在于诱敌深入。不过不久以后，李平的谎言就为聪明的诸葛亮给揭穿了。诸葛亮查办了李平的渎职罪，削去了他的职位，还将其流放到了梓潼。诸葛亮在处理完这件事情之后，就修书一封给蒋琬与董承，信中提到'李平这人的人品有问题，陈震很早就跟我提过，此人心机过重。我当时半信半疑，只是没预料他会做得如此过分'。"

天下之人，无不陶冶

遇欺诈之人，以诚心感动之；遇暴戾之人，以和气薰蒸之；遇倾邪私曲之人，以名义气节激励之。天下无不入我陶冶中矣。

译 文

在狡猾不诚实的人面前，要感动他只有用最真诚的方式；在暴戾凶残的人面前，要感染他只能用一团和气的方式；在行为自私自利的人面前，要激励他就只能用正义的道义和名节的途径。明白了这些道理，天下人还有谁无法被我感化呢！

解 析

孔子说过，那些犯了罪而畏罪潜逃的人，必须要将其绳之以法。执法者通过这种方式来表现自己的能干，可是这种方式是法治黔驴技穷的体现。但凡能够通过移风易俗来教化百姓，让其重德贵义放弃犯罪的念头，这种道德层面的做法因为在法制的环境中很少被用到，可是这确实是执法者和执政者的才干体现，也是法治的基础所在。孔子说到自己在审理案件和接受诉讼方面并没有过多的才华，和普通人一样，只不过不同之处在于他不仅仅是就事论事，而在于追求一个终极的目标，尽可能地消除所有诉讼，真正做到让法庭无事可干。

《汉书·韩延寿传》一书中记载韩延寿曾有三年时间在东郡为官，三年期间他都任人唯贤，勤政纳谏，表彰一切扶贫、友爱的行为，在当地还大力投入发展教育和文艺，一时间乡里的风气大变，治安好了，犯罪率也开始降低了。之后韩延寿因为治理当地有功，为朝廷所重用，调任左冯翊还代理高陵县令。调任之后，当地就发生了一件案件，兄弟二人为了争田大打出手，甚至告到了官府里。韩延寿当即就感觉愧疚不已，在他看来兄弟二人因为如此小的事情就骨肉相争，责任在于自己，就因为自己没有好好教化百姓所致。得知了韩延寿引咎自责之后，这两兄弟很受感动，于是二人决定自动和解。发生了这件事情以后，全县便传开了，县里来了一个很是清明的县令，百姓们开始互爱互助，彼此争斗惹事的事情越来越少。

行止在我，不受提掇

人生原是一傀儡，只要根蒂在手，一线不乱，卷舒自由，行止在我，一毫不受他人提掇，便超出此场中矣！

译 文

如果把人生比喻成是一场牵线木偶戏的话，只要手中牵着木偶的绳子，控制住木偶做到丝线不乱的话，手中的木偶就能很好地被掌控在自己手里，也能让木偶行为自如，一点都不会受到他人的影响和左右，就此摆脱了这场游戏的游戏规则。

老子指出，天地间万事万物的生命都不是无缘无故出现的，它必有自己的源头。生命的基础就来源于这个源头。所以要认识世间的一切事物，就要先认识万物的根基，这才是一切的母体。就好像是手里牵着线操纵着的木偶，要牵着线才能操作木偶。认识万物也是如此，要认识母体才能认识千变万化的事物。只有这样人生才不致变成外物的傀儡，为外物所操纵或是为他人所左右。

教人以善，不得求全责备

攻人之恶，毋太严，要思其堪受；教人以善，毋过高，当使其可从。

攻击他人的缺陷如果太严厉的话，就一定是对他人的承受力缺乏考虑；教化人家要做善事，标准过于严厉的话，就一定是对他人的要求过高导致的，总是要先想想他人的忍受力或是接受力，别让他人感觉为难才好。

解 析

凡是人都会有缺点，因此在与人交往的时候，切记不要求全责备才好。朋友或是同事有过失很正常，不要在他人有了过失之后就严厉地批评对方，正确的做法应当是避免他们下一次再犯错。第一步要让对方积极面对挫折，开导对方走出失败的阴影，明辨是非后才会避免再次犯错；第二步要劝说对方明事理，不能欺骗他人，欺负弱者，让对方不再做伤天害理的事；第三步要知道自己的目的只是为了让对方明事理而已，用一种公平客观的态度去分析和看待每一个细节，对方才能真正接受。要是感觉对方会因此走上不法道路的话，必须及时提醒他们，劝说对方迷途知返。只不过在劝慰提醒对方的时候要注意语气语调，心怀诚恳的人才能为人所接受。

拔去名根，融化客气

名根未拔者，纵轻千乘甘一瓢，总堕尘情；客气未融者，虽泽四海利万世，终为剩技。

一个总是无法从内心根本摆脱功名利禄思想根源的人，即使在表面上过着一瓢饮的日子，看似很是鄙视功名利禄和荣华富贵，实际上还是在世俗名利面前摆脱不了被牵制的模样；受到外物约束和牵制的人在尚未被高尚的节操教化之前，即便是他的恩泽可以泽被四海，最终也会沦为他人用剩下的伎俩。

解析

《红楼梦》中的《好了歌》中有一句话："世人都说神仙好，唯有功名忘不了。"没有人会愿意活得无比辛苦，只愿轻松、潇洒和快乐，可是越是这样，他们就不可能过得轻松和快乐。这是为什么？难道他们轻松和快乐的生活诱因为什么所牵制吗？确实如此，这个答案就是世俗的功名。因为追求功名利禄成了人生的追求，所以他们生命的全部都赋予了功名利禄，似乎认为只有拥有越来越多的功名，生活才能越快乐。实际上，他们都陷进了一个由功名利禄编织的美妙陷阱当中了，一旦陷入的人就不可能看到幸福和快乐了。那就好比是个恶性循环，没有功名利禄的时候总期待有一天能成名，有了一定的名气之后又希望能够有更大的名气，人生就在这样患得患失的循环中着急和焦虑，怎么会有快乐和幸福呢？这些人只看到了功名利禄的美妙，却不知硬币都有两面，有一面好就一定有一面坏。曾经有多少人劳心劳力只为了那些虚名，结果放弃了多少眼前获得人生幸福和甜美的机会。所以说，要品尝世间最甘甜之物，务必要拔掉心里那根只会追名逐利的毒刺。

未雨绸缪，闲中不闲

闲中不放过，忙处有受用；静中不落空，动处有受用；暗中不欺隐，明处有受用。

译文

不让时间在闲暇时候虚度，在忙碌来临之前就做好相应的准备，让自己在忙碌当中获益；不让自己的心灵因为平静而变得空虚，要在变化来临之前未雨绸缪，才能在变化到来时应付自如，从中获益；不让自己在暗处做见不得人的事情，只有如此才能在光明到来的时候受到所有人的尊敬。

解析

《碧岩录》曾记载过一则"倒一说"的公案。曾有一名僧人前去询问过云门和尚："既不是目前机，亦不是目前事的时候，要如何处理呢？"云门和尚简单地说了一句话："倒一说。"既然他问到了不是眼前就要用的，也不是马上就需要处理的事情，那还能干吗呢？接着这个僧人的问题又来了，要是在眼前的事情是机会，还可以见机行事，如果不是的话那"倒一说"的说法就绝对不行了。此时最好的应对方式应当是什么呢？云门和尚继续回答：那就请自己先做好自我准备，以此锤炼自己，这就是"倒一说"。俗话说过："君子慎独，服人先服己，严于律己。"这句话的道理就是要当自己无事的时候，独处的时候不忘锤炼自己，提升自己的修养。

虚圆建功，执拗偾事

建功立业者，多虚圆之士；偾事失机者，必执拗之人。

译 文

历来能成就大事业的人，大多都是气质上很谦虚且圆通的人；而那些没有抓住机会成功的人，必定是性格倔强且执拗的人。

解 析

《公羊传》中记载有这么一个故事：曾为鲁国宰相的祭仲在鲁桓公十一年时，前往留国去吊丧。经过宋国时，突然被宋国给拘留了，理由就是要求他废掉勿而立突为鲁君。祭仲一听就很爽快地答应了。这件事在大多数人看来是个出卖国君的大事，作为君子的祭仲为何如此爽快地就答应了呢？这其中有两个很重要的理由：第一是出于君轻国重的考虑，一旦自己不答应宋国的要求的话，鲁国的君主就会因此而亡，更重要的是鲁国也会因此灭亡，如果因为自己的选择而让自己的祖国灭亡，祭仲肯定是不愿意的，因此两害相权取其轻，祭仲只得被迫答应。第二是祭仲从未有过任何的私心杂念，他有着君子的气节和勇气，他敢于去承担因保存国家社稷而背叛国君的罪责。《公羊传》很是赞同当时祭仲的这两条理由，还将其作为一个能够灵活权变的经典案例向世人宣扬。其实不但在古代，就算是在现代，这个事例的影响力也是很大的。

烈士暮年，壮心不已

日既暮而犹烟霞绚烂，岁将晚而更橙桔芳馨。故末路晚年，君子更宜精神百倍。

太阳马上就要落山之前，天空会出现非常绚烂的晚霞，一年将尽的时候，深秋时节树上所结的橙子的芳香会飘香四溢。所以说，德行很是高尚的君子到了晚年，不应该就此沉寂，更应该精神百倍地生活下去。

解 析

人在不同的年龄阶段给社会的作用是不同的，要用不同的标准去衡量才行。现代社会的发展速度快，很多时候人们对于年轻人的闯劲更为重视，认为年轻的群体在发挥创造力上有其他年龄层的人群无以比拟的优势。如果以这为标准的话只会让年龄较大的一些人群失去了人们原有的重视，而失去了活力。由此很多到了一定年龄的人慨叹"人到中年万事休"。在年龄差异的面前，不同年龄层的人在各方面能力上的不同确实存在，但是不能否认的是"人生七十才开始"，从精神层面的追求上来说，这句话确实成立。每个年龄层都有自己特定的能力和特点，四五十岁的中年人一般来说已经到了人生的鼎盛期，达到了自己事业的顶峰。过了花甲之年和古稀之年的老人有了丰富的人生阅历之后，累积了深厚的经验，可以为年轻人指出正确的道路，避免他们误入歧途。所谓"岁寒而后知松柏之苍劲"，正是对人到晚年的感叹，即使有夕阳迟暮之意，但更多的是在表达"老当益壮"、"老骥伏枥"的雄心。事实上，即便是处在青壮年的人群，如果没有一定的精神追求也只会颓靡自堕，更别提到了暮年。相反的是那些精神追求很是丰富的人，即使到了晚年也不致发出"徒伤悲"的感叹。

有道坚持，无道坚守

风斜雨急处，要立得脚定；花浓柳艳处，要着得眼高；路危径险处，要回得头早。

译 文

暴风骤雨当中，不让自己跌倒的最好做法就是要稳稳地立住自己的脚跟；在花莺柳燕的温柔之乡，要让自己不为美景和温柔所迷惑的最好做法就是要高瞻远瞩；在危路险境之地，让自己不致陷入其中的最好方式就是要及时回头。

解 析

上文所提到的风斜雨急、花浓柳艳、路危径险等，其实都是对人生路上的各种困难和危险的几种不同的比喻罢了，都用于形容人生必然要经历艰难险阻。《论语·伯泰》篇中说道："危邦不入，乱邦不居；天下有道则见，无道则隐；邦有道，贫且贱焉，耻也，邦无道，富且贵焉，耻也。"《论语·宪问》篇中提道："邦有道，谷；邦无道，谷，耻也。""邦有道危言危行，邦无道危行言孙。"在古代社会，道的作用就在于治理社会，事实是不论有道还是无道，都要保证自己的操守和追求，以此不沉沦于各种客观的迷惑当中。

逆境消怨，懈怠思奋

事稍拂逆，便思不如我的人，则怨尤自消；心稍怠荒，便思胜似我的人，则精神自奋。

事情总有不如意的一面，遇到不如意的时候就去想想那些境况还不如自己的人，心中的幽怨自然就会减少很多；人总会有懈怠的时候，到了那个时候就去想想那些比自己境况好的人，一下子就可以振奋起自己的精神。

解 析

缺乏积极奋斗和向上的斗志是很难获得事业上的成功的，而在个人德行方面也是如此，如果没有见贤思齐的能力，就很难完善自身。有一次，孔子的学生子夏问他："老师觉得颜回为人如何？"孔子回答："在仁德方面，颜回要比我强得多。"子夏又接着问："那老师您认为子贡的为人又如何呢？"孔子回答："子贡的口才要比我好很多。"子夏接着再问："那老师您说子路呢？"孔子回答："仲由比我有勇气。"子夏又问："老师认为子张的为人如何？"孔子接着回答："在我看来颛孙叔要比我矜持端庄得多。"问完了以后，子夏就离开了座席继续问道："既然您这么认为的话，那为何要收这四个人当您的学生呢？"孔子回答："子夏你先别坐下来，我会告诉你答案。颜回在仁德方面的优势非常明显，但总不懂得如何通权达变；子贡善变却总是锋芒毕露，不知道怎么去收起自己的锋芒；仲由很勇敢，常常无知无惧；最后是子张，他非常矜持端庄，可惜他在为人处世上却不懂得随和。这四个人各有各的优点，同样也各有各的缺点，如果答应他们用各自的优点和我来交换的话，那我就不是我了！这也就是我收他们为学生的根本原因。"

中才之人，高不成低不就

至人何思何虑，愚人不识不知，可与论学，亦可与建功。唯中才的人，多一番思虑知识，便多一番臆度猜疑，事事难与下手。

译 文

聪明绝顶的人没有什么好思虑的，愚笨憨厚的人也不曾操心过任何事情，这两类人可以同他们一起研究学问，还可以和他们一起建功立业。只有既不聪明绝顶又不愚笨憨厚的人，才会遇事就想太多，费太多思量，只因什么事情都懂一点，所以总是比他人更多一点疑虑和猜度，也因此做起事情来都犹豫不决，很多事情都难以做出决定。

解 析

《庄子·秋水》中曾借用河神和海神的对话来说明世间所有事物的不同情态。黄河的河神说："为什么要把物体内部和外部做贵贱之分呢？有的还要做大小之分呢？"北海的海神听到了以后回答："要是论道的话，那自然世间万物并无贵贱之分。只是单纯从物体的角度来说，就有了贵贱之分，这都是物体自以为尊贵所以才看轻其他事物。就世俗的角度来说的话，贵贱本身并不由自己决定。再来说说事物的大小之分。事实上只有某一事物比另外一些事物大，要是按照这么说的话，世间所有的事物都可以是大事物。同样地，某一事物也一定比其他事物小，如果这么说的话，世间所有的事物都是小事物。所以，天地在某种情况下也能被视为同一粒小米大小，汗毛也能在某种情况下被视为如高山一样巍峨，这样说的话，你能明白世间万物的大小差异是怎么一回事了吧。从事物的用途上来说，要是看到事物有一方面的功用就说它是'有'，或是依照事物某一方面不具备的功用就说它是'无'，那世间万物不是都'有'就是都'无'。东西本是对立的，两者相对而存在，但是两者彼此缺一不可，由此就可以

121

说明矛盾对立的对方是无法离开对方而存在的。如果从事物的情趣和志向来判断的话，只要看到事物某一方面是对的就认为它是对的，看到事物的某一方面是不对的就说它是不对的，那万事万物要不就是对的，要不就都是不对的。明白了尧和桀两者之间必然认定对方不对，也就明白了所有人的情操和志向。"

宽以待人，严于律己

责人者，原无过于有过之中，则情平；责己者，求有过于无过之内，则德进。

宽厚待人，不对他人求全责备，学会原谅他人的过错，即便是有错也要视为无错，只有这样才能让自己感觉心平气和；相比之下，要严于律己，即便是没有过错的时候也要当作是有错来看待，发现自己的不足来敦促自己进步，只有这样才能提升自我的德行。

孔子说过，但凡对自己和对他人的要求能做到宽以对人、严于律己的人，就不会招来他人的怨恨。孟子也说过，总是祈求他人做得多，而自己什么都不用做，这种人是很招人烦的。就好比是自己田里的草不去顾，反倒是指责起他人不除草，那确实能让其他人感到十分厌烦。

很多人都听过这么一句话，凡事都要"从自己做起"，这句话绝对不能流于空谈，变成一句简单的口号，而是一句实实在在的话。宽以待人、严于律己就是要从这句话开始，从自己做起，大事小事都要从要求自己开始，以自己的行为为示范。如果自己做不到的事情总是强烈要求他人去做，那就无法让人信服了。只有自己先努力去实现那些目标，再去向他人提出要求，这才是让人信服的理由，也就是真正把"从自己做起"落实到实际的做法。

隐于不义，生不若死

山林之士，清苦而逸趣自饶；农野之人，鄙略而天真浑具。

译 文

在山林间隐居的士人，尽管生活过得十分清苦，但其中的乐趣却只有他本人知晓；乡野之人，尽管为人很是粗鄙，但看起来却有淳朴自然的可爱在其中。

解 析

有一日，庄子身着麻布衣服，衣服上还打了不少补丁，脚上穿着用麻丝系着的鞋子，端端正正地走过魏王面前。魏王很是惊异地看着路过的庄子问道："先生为何看起来如此疲倦懈怠呢？"

庄子回答道："我这样子不是疲倦，也不是懈怠，而是清苦所致。所谓懈怠通常指的是道德品行好的士人却不向世人推行的模样。我不过是身上的衣服破了点，打了几个补丁而已，这还不是懈怠，而是生活过得清苦罢了。之所以出现这种清苦，就是因为所谓的生不逢时。大王可曾见过那些在山上生活的猿猴总是在山林间跳跃的景象吗？在生长着楠、梓、豫、樟等高大乔木的树林生活着的这些猿猴，习惯在如藤蔓一般的小树枝上自由跳跃，并由此就在山林之间称王称霸，这样一来连常常出入山林间的神箭手羿和逢蒙也把它们当成了山林间的大王。可是一旦把它们换到柘、棘、枳拘等刺蓬灌木丛中生活的话，这些猿猴就不会同从前那样霸道了，它们会因为害怕而战战兢兢地生活，还不时地左顾右盼表现出自己内心剧烈的恐惧。出现这种情况不是因为它们的体质发生了什么样大的变化，而是因为生活环境发生了根本的改变，它们的能力在灌木丛中无法得以施展。如今昏君当道，士人们都不得不懈怠，要想摆脱这种境况实在太难了，比干剖心不就是个极好的例子吗？"

六言六弊，融为一体

一事起则一害生，故天下常以无事为福。读前人诗云："劝君莫话封侯事，一将功成万骨枯。"又云："天下常令万事平，匣中不惜千年死。"虽有雄心猛气，不觉化为冰霰矣。

译文

坏事发生之后，就会有相应的祸害随之产生，所以天下人都认为多一事不如少一事，事情少了便是福分。曹松的诗句中写道："劝君莫话封侯事，一将功成万骨枯。"意在劝说大家对于封官授爵的事情不要看得太重，要知道成就一代名将必然是要经过千万人的血汗来换得的。曹松还写道："天下常令万事平，匣中不惜千年死。"在他看来即便是宝剑藏在匣子当中上千年也无碍，只要天下能长久太平即可。有如此诗句在前，即便有万丈雄心也在不知不觉中会随之消融了吧。

解析

孔子认为，人有六种美德，所以那些不好学、不修行的人身上就对应地有六种缺陷。这就是"六言六弊"。孔子所说的六种美德，其中有宅心仁厚，要是缺少一些修行的话，那势必会变成遭人愚弄的人；博学广知，可是却可能因为不够好学而流于四处猎奇；善良信任，只可惜没有修行的话就会演变成为工于心计；直率坦诚，但也可能因此变成容易伤人；勇敢无惧，它的极端便是无知者无畏，成了闯祸精；坚不可摧，要是缺乏约束的话只会变成胆大妄为。

"六言六弊"是孔子总结出来的一个词语，简单说六言就是六个字：仁、知、信、直、刚、勇，这就是孔子所说的人都可能具备的六种美德。只不过一切事物都是辩证存在的，尺有所短，寸有所长，凡事的优势和劣势都是辩证统一在一个事物上的，而且优势和劣势之间是会互相转换的。缺少知识和德行的正确指导，六言也会变成六弊。

宠不妄，辱不怒——宠辱不惊持定心

为人者最怕的是利欲熏心，在欲望面前被欲望所束缚，此非圣人之境界。人们应该明白，善恶其实就在一念之间，多一念为善，少一念为恶，只有在尘世间的各种欲望面前保持宠辱不惊，才能守住本真的赤子之心。

淡泊名利，恪守节操

藜口苋肠者，多冰清玉洁；衮衣玉食者，甘婢膝奴颜。盖志以澹泊明，而节从肥甘丧也。

译 文

但凡粗茶淡饭的人，一般都是品质冰清玉洁的人；而锦衣玉食的人，则大多数时常表现出奴颜婢膝的样子。因此，人的志向高洁与否可以从其是否能淡泊名利看出来，而节操丧失与否也可以从其是否贪图享乐中瞥见一二。

解 析

一向贪图物质享乐的人，总是容易陷入糜烂的生活当中，找不到自己的精神追求，精神家园势必是长久缺失的，更难有高尚的情操。为了满足他们不断增长的物质需求，他们可以说是不惜采用非常手段去索取，即便是卑躬屈膝他们也不会拒绝，基本已经丧尽人格。想想社会上那些生活堕落的人，大多数人的动机无非就是为了获得更好的物质享受罢了。当然这里不是否定追求幸福生活的权利，人人都有让自己过得更好的权利，只是物质生活的丰富是为了让人们更好地去追求精神上的富足。古人说"君子爱财，取之有道"，正是说明获取物质财富的唯一途径便是勤劳劳动，这种方式才能既满足物质的需求，又能满足精神的追求。再从另一个角度来说，只有物质享受而没有精神享受的生活是最低级的满足，高级的生活追求是要在精神上达到高层次的满足。

满招损，谦受益

事事留个有余不尽的意思，便造物不能忌我，鬼神不能损我。若业必求满，功必求盈者，不生内变，必招外忧。

凡事都要给自己留几分余地，这么做的话，即便是万能的造物主也会因此不对我产生嫉恨的感觉，而鬼神更不会来伤害我。要是凡事都要求过满，但凡成就要求绝对的完美的话，那即便内在不发生变故，也会有外患产生。

为人处世，都要记住道家提出的"满招损，谦受益"、"天道忌盈，卦终未济"等道理，这些思想自古至今对中国人的生活都有巨大的影响。道家的理论一向提倡的是无为，老子在《道德经》中曾提到"持而盈之不如其已，揣而锐之不如长保"。在他看来，"知进而不知退，善争而不善让"的人只会给自己招来各种内忧外患。正因为如此，司马光才会在自己的《资治通鉴》一书中写道："汉三杰而已，萧何系狱，韩信诛夷，子房托于神仙。"

事事都要求尽善尽美，难免会想尽一切法子去实现自己想要的目标，甚至会不择手段。要是没有这种追求绝对完美的想法的话，那对待事情的态度就会平和许多。事情成功了之后，尽可能保持清醒的头脑去客观地认识自己，就不至于沉溺于成功当中而变得骄傲自满，这样的结果就是让成功最终走向它的反面。所以无论从哪个角度来说，功业不求满盈，给自己多留点余地，这是一种最佳的处事方式，也是保持本性的根本。

宽容仁厚，聪慧收敛

富贵家宜宽厚，而反忌刻，是富贵而贫贱其行矣，如何能享？聪明人宜敛藏，而反炫耀，是聪明而愚懵其病矣，如何不败？

译 文

富贵人家应当要表现得宽容仁厚，总是对他人过于苛求的话，那即便是出自富贵之家，还是同出自贫寒人家的人本质上都是一样的，没有什么区别，又如何能尊享万世的荣华富贵呢？聪明之人也要尽量地收敛自己的才华，要是总喜欢四处炫耀的话，那同那些精神恍惚、缺乏事实判断的人还有什么不同呢，那他们的事业又如何能持久呢？

解 析

成事自然需要一定的经济基础，所以说出身于富贵之家就有了成事最基本的经济来源，而做人也是如此，本身就很聪明的话这是做人成功的内在基础。但这并不代表，有了财富就一定会成功，就可以随意地炫耀，也不代表有才华就一定能为善，可以大肆地宣扬自己的才华。要知道只有宽容仁厚之人才能凭借自己的财富和智慧获得成功。那些掌握了财富却为人很是刻薄的人，会让自己陷入无穷无尽的钩心斗角当中，到头来孤立无援，最终众叛亲离。人聪明却只知道一味地炫耀，结果就会落得"聪明反被聪明误"，所以说，人的智慧贵在有自知之明。

勿为欲驱，理路勿退

欲路上事，毋乐其便而姑为染指，一染指便深入万仞；理路上事，毋惮其难而稍为退步，一退步便远隔千山。

译 文

只要是关于欲望方面的事情，千万别因为一时的方便就沾染上这些事情，要知道，一旦染上这些事情的话就会放纵自己坠入万丈深渊；而关于道义方面的事情，也一定别因为害怕就让自己退缩，从而离真正的道义越来越远，再也到不了真正的真理之地了。

解 析

人人都有欲望，这是个客观存在的事实，刻意去掩盖人的欲望是不符合人性发展的，只要不过分地放纵自己的欲望就不会失去人的本性，也不至于在欲望的旋涡里找不到自我。很多人在物欲中控制不了自我，总是贪图享乐，他们就需要用提升自我修行的方法来克制自己的欲望。只不过追求真理和理性对于多数人来说是个很枯燥的过程。自我修行的过程确实十分枯燥，而且还伴随着很多困难和艰辛。如果没有一定的毅力和耐力的话，只会蹉跎一生，到最后落得个一事无成。所谓"莫待老来方不道，孤坟尽是少年人"，人生是无法再重来的，要有成就就要从小开始磨炼自己，这样才能在自我修行的道路上追求到真理。

超脱尘世，不入名利

彼富我仁，彼爵我义，君子故不为君相所牢笼；人定胜天，志一动气，君子亦不受造物之陶铸。

译 文

他人有富贵官爵，我有仁义道德，道德品行高的君子是不会为高官厚禄所诱惑、所驾驭的；人的力量一定会战胜自然，只要有坚持不懈的毅力，就会发挥出最无坚不摧的精气神，君子有了这份气力自然不会为形式所限制。

解 析

活得很洒脱的人，就不会顾及身边的事物，也不会为其所累，这就是俗称的"我行我素"。孟子说："居天下之广居，立天下之正位，行天下之大道。得志，与民由之；不得志，独行其道。富贵不能淫，贫贱不能移，威武不能屈。"孟子这里提到的便是高风亮节的君子，既不为富贵贫贱所动，更不为威武暴力所屈服。君子之所以胜过小人，就是看淡一切功名利禄，在外物的诱惑当中仍能保持住自我的气节和远大的志向，超脱于世俗之外，即便是天地间的造化也无法操纵他。君子习惯去锻炼自己的意志，遵从大义，相信自我，只要有开阔的心胸、完美的人格、高瞻远瞩的眼界就是真君子。

欲望如火，灼人灼己

生长富贵丛中的，嗜欲如猛火，权势似烈焰。若不带些清冷气味，其火焰不至焚人，必将自烁矣。

译 文

在富贵之家成长的人，欲望比其他人更为强烈，通常还会放纵自己贪图享乐，那欲望就如同炙热的火焰一般。要是在此时还不给他们撒一些清凉的气息来调和降温一下，这些燃烧在他们内心的火焰终有一天会灼烧到他们身边的人，更会把自己灼伤。

解 析

欲望是无止尽的，没有财富的时候想要有财富，有了财富就希望可以有权势，有了权势更希望有更多的东西，等等，这种循环是永无止境的。倘若没有良好的道德水准对欲望加以节制的话，就会由欲望所摆布，变得任性胡来了。正如上文提到的一样，欲望就像是燃烧在自己体内的烈火一般，而理性就好像是清凉的纯水，水可以灭火，这也说明理智可以控制欲望。出自富贵之家的恶人，设想一下没有道德对此加以约束的话，就很可能害人害己。可见有了一定物质基础的人，必须有道德修养和思想境界来约束。缺少了这份高尚的情操的话，就缺失了正确的人生观，也就是任由欲望在自己心中不断地恶性膨胀，最终只会自我堕落、自毁其生。

冷眼旁观，灵活处之

君子宜净拭冷眼，慎勿轻动刚肠。

品德才学都很高尚的君子，总是冷眼旁观世间事物，一向小心谨慎，从不轻易动怒，更不会随意表现出自己耿直的个性。

为人正派的特征就是古道热肠，对人对事都显示出他人所没有的热诚，为人正直，处事坦荡。但不是所有的事情用这种方式都能够取得良好的收效，针对不同的人还是要用不同的方式来面对。真诚待人本没有错，可是万一热情过度就会让人感觉不适，反倒是事与愿违。有时候还会因为一时的热情过度而酿成大错。对人坦诚、胸怀坦荡本也没有错，只不过太过坦率有时候也会伤人，让对方一下子难以接受。总而言之，遇事处理的方法应该是多样的、灵活的，绝不能只是简单的坦率和热忱。

机里藏机，变外生变

鱼网之设，鸿则罹其中；螳螂之贪，雀又乘其后。机里藏机，变外生变，智巧何足恃哉！

投下渔网的目的就在于捕鱼，却不想鸿雁却被投下的渔网给困住了；螳螂想捕食面前的蝉，却不想后面躲着一只伺机捕食它们的黄雀。所以说玄机里还暗藏着很多玄机，变化外还会有变化，人们的智慧和计谋再高明也不足以依赖。

孔子的主张是"尽人事以听天命"。人的一生当中未知的东西实在太多了，很多的东西费尽九牛二虎之力也未必能有所得。生活当中像上文说到的"螳螂捕蝉，黄雀在后"的例子不胜枚举。世界上的万事万物都是彼此联系的，它们不可能独立存在，它们之间常常是一环套着一环，所以轻轻动其中的一环都会给其他的事物带来一定的影响。因此经常有"有心栽花花不开，无心插柳柳成荫"的事情发生，只因不少事情并非自己费力去苛求就能得偿所愿的。真要有所得，就要在大自然间去探寻其发展的规律，再克服自己的天敌，循着自然发展的规律去掌握事物的变化才是。

诚信待人，诚信待事

信人者，人未必尽诚，己则独诚矣；疑人者，人未必皆诈，己则先诈矣。

相信对方的话，对方不一定会以诚相报，至少自己还是真诚的；怀疑对方的话，对方未必狡诈，可是自己已经变成了一个狡诈之人。

做人切勿总是不相信他人，对人疑神疑鬼，这样的人是难以成就一番事业的。如果有心要创造一番事业的话，就一定要保持真诚，要对人真诚，对事真诚，很重要的一点是要疑人不用，用人不疑。精诚合作、通力协作之下才能推动事业的发展。从中国古代的传统来看，先贤所提倡的做人原则就是诚信，以诚待人是最基本的原则之一，因为真诚才能动人。以诚待人不是一定要把自己向对方和盘托出，或是不论对方是何人都真诚面对，期待去感化对方，所谓的真诚是相对的，而不是绝对的。

一念为恶，一念为善

机动的，弓影疑为蛇蝎，寝石视为伏虎，此中浑是杀气；念息的，石虎可作海鸥，蛙声可当鼓吹，触处俱见真机。

工于心计的人就算是看到酒杯中弓的倒影也会怀疑是毒蛇，也会怀疑在草丛中的石头是趴着的猛虎，他们的心中尽是可怕的杀机；换作是那些内心平和、毫无非分之想的人，即便是凶恶的石虎在他们眼里也会是温顺的海鸥，聒噪的蛙鸣声在他们听来也会是悦耳的鼓乐声，但凡他们接触到的都是蕴含着真理的乐趣。

解 析

心胸坦荡荡的人对于身边所发生的是是非非常常视而不见，志向高远的人也不会去顾及小人所为。只有当小人和小人凑在一起时，才会多生是非，只因彼此都是猜忌之人，喜欢把人际关系搞得十分紧张。古语说："天下本无事，庸人自扰之。"遇到那种凡事都疑神疑鬼的人，哪怕世上没有鬼，他的内心也会为自己创造些鬼出来，这便是俗话所说的"疑心生暗鬼"。原本风平浪静的事情在他们的眼里多多少少都有些事端，没有点风波他们也会制造出一点波澜来。可是那些对事对人都很是坦荡的人，他们所表现出来的则大多数是人性的本真，对事对物都非常平静平和。所以善恶本来就在于一念之间，有的人杯弓蛇影，患得患失，过着杞人忧天的日子，何来感受到人生的真善美？不妨过得开朗一些，换一种心态去面对人生、面对生活，少一些狭隘和猜忌，多一点豁达和开朗，人的修养也会跟着提高不少。

心平气和，天性化育

心地上无风涛，随在皆青山绿树；性天中有化育，触处见鱼跃鸢飞。

若是心平气和、不起波澜的话，那所到之处皆是一片青山绿水的美景；若是天性善良的话，那所见之物皆是一幅鱼翔鸟飞、生机勃勃的画面。

中国古代传统修身养性中有一条亘古不变的原则，就是保持心静，心静才能静如止水，才能排除心中的杂念。心气平和，毫无欲念，人生便能提升一个境界。有一个有关庄子的故事说的就是这个道理。有一天，庄子看到河中有鱼儿在游，于是很羡慕地发出了"乐哉鱼也"的感慨。鸟儿和鱼儿之所以能在天空中自由地飞翔和在水中游泳嬉戏，一副逍遥自在的模样，只因为它们几乎无欲无求，除了基本的生理需求满足了以外，它们基本都没有同人一般有那么多的七情六欲。人有头脑，有智慧，有思想，有理想，也有追求，所以他们要学习和进步，而这个过程当中就伴随着很多的苦恼。所以不少人认为要消除自身的苦恼，必须克制人的欲望，要懂得满足，陷入了无止境的索求当中就很难获得精神上的愉悦。无止境地索取是一种很可怕的行为，它会让人的满足变成一种相对的感受，在不知不觉中总在无止境地索取。因此心静是一种极好的态度，只有静止的状态才能看到人生和内心最本真的模样，才不会对外界有更多的奢望，到达真正快乐的境界。

人心难降，更是难满

眼看西晋之荆榛，犹矜白刃；身属北邙之狐兔，尚惜黄金。语云："猛兽易伏，人心难降；谷壑易填，人心难满。"信哉！

在西晋即将灭亡的时候，眼看着就变成了一堆荒草丛生的荒野，不过仍然有人在那里亮出自己的武器来显示自己的武力；那些马上就要死去成为北邙山的狐兔的美餐的人，居然还有人在那里对自己的财富表示惋惜。俗话说得好："人心要比猛兽难制服得多，人心也要比世间的沟壑难填平得多。"这话说得实在太对了。

解 析

人的生老病死都有其自然规律，不论是谁都逃不过这样的规律。有人因为这样很珍惜生命，希望用有限的时间多做一些有意义的事情，以此来提升自己的生命价值。还有另一部分人却会因此望洋兴叹，总感觉生命过于短暂，于是他们就放纵自己的欲望，让自己及时行乐。历史的发展给了后人很多的经验，也有很多的教训，只是所有人都只会津津乐道那些让人感到很是荣耀的经验，却无人会记得那些痛苦的教训。这也是为什么历史每每都会有惊人的相似之处的重要原因。

宠辱不惊，去留无意

宠辱不惊，闲看庭前花开花落；去留无意，漫随天外云卷云舒。

 译 文

不管是受宠还是受屈辱，均不会因此而在意，只是好比在庭院当中看花开花落一般稀松平常，人生的荣辱也不过如此；无论是出仕隐居山林还是入仕为官，都不会太过在意，一切都像是天上的浮云展舒一般随意自然。

解 析

几千年来，中国人对人生经验的观点已经累积成了一本厚厚的书，其中关于人生的认识相当深刻，让人感受万千。人生当中必有潮起潮落，人与人之间更是有激烈的竞争，这些经验都给后人以强大的震撼。所以说，在为自己的人生、为事业所付出奋斗时，也要多给自己留点余地，要了解闲逸的情趣，以免自己还尚未做好准备就要面对人生的沉浮。没有谁可以一辈子顺风顺水，总是有很多的起起落落，于是要让自己变得荣辱不惊，去留皆无意，才是真正的君子风范。

苦亦不苦，自在人心

世人为荣利缠缚，动曰："尘世苦海。"不知云白山青，川行石立，花迎鸟笑，谷答樵讴，世亦不尘，海亦不苦，彼自尘苦其心尔。

世间众人在各种荣华富贵的舒服中不得动弹，所以他们习惯说："凡尘俗世如苦海一般没有尽头。"事实上，他们却不曾看到山色青翠、白云自由漂浮的逍遥自在，也不曾见过河流不断，山石林立，山花绽放，鸟儿齐鸣，山谷间回响着樵夫们质朴的歌声，这一切都是他们所未曾见过的人间美景。所以说，人世间并非都是众人所看到的凡俗尘世，人生也不是众人所说的那般苦海无涯，所谓的苦海不过是众人苦于心罢了。

解 析

世间万物不会因为人心境的不同变化而产生变化，山川景色依旧秀美。看不到如此这般山川美景，要不是因为自己为世俗的名利和情欲所束缚，还能有其他什么原因吗？须知，对于任何人来说世间本来就没有所谓的苦乐之说，所有苦皆来自于人的内心，因为内心为名利和世俗所苦，才会感到人生的苦，要是摆脱了这些束缚的话，自然也就摆脱了苦的念头了。人生最脆弱的一部分就是太多人过于重视名利，对那些虚名太过执着。说人生为无涯的苦海，固然是因为心有所累，也正因为如此才堕入了人生的苦海之中。内心的苦不同于生活中的苦，生活中的苦只要通过努力就可以克服，可以让自己的生活变得更加充实和富裕，独独这心里的苦却是要让自己跳脱物欲才能克服。

天道忌盈，人事俱满

花看半开，酒饮微醉，此中大有佳趣。若至烂漫酕醄，便成恶境矣。履盈满者，宜思之。

赏花的最佳时间是花朵半开的时候，喝酒的最佳感受就是喝到微醺的时候，在这样的时间才会感受到最美妙的趣味。要是到花儿已经充分绽放，或是已经喝到烂醉如泥的时候，那就没有什么乐趣存在，已经到了很糟糕的境地了。这个道理是要告诉那些正在经历顺境且志得意满的人，希望他们可以慎重思考一下。

解析

做人做事都要讲究度，不能做得太满，要学会适可而止，必须明白物极必反的道理。天地间有一个道理说的就是"天道忌盈，人事惧满，月盈则亏，花开则谢"，这些词语表达的都是同一个道理，这都是在世间万物自然循环的一个原理，本质上这也是处事的盈亏之道。事业还处于上升期的时候，一切都是生机勃勃的，都在向上走，那个时候给人们的感受是非常甜美甘甜的成功喜悦。可当事业达到了顶峰之后，就有了盛极必衰的趋势，这个时候必须谦虚地对待身边的人和事，要保持幸福就必须这么做。这就好比是喝酒喝到烂醉了之后，酒给人的感受就已经不是快乐，而是遭罪。事业创始之初往往大家都谨小慎微，一旦成功了以后人就开始变得骄奢起来，也就忘了自己曾经的谨慎。因此一定要提醒自己记住"月盈则亏，履满者戒"的道理。

自然味冽，不受点染

山肴不受世间灌溉，野禽不受世间豢养，其味皆香而且冽。吾人能不为世法所点染，其臭味不迥然别乎！

译文

山间的植物和野外的禽鸟要是自然养成的话，没有一点点人工的养殖痕迹，那它们的滋味要香甜得多。可见，世人只要未曾受到世俗的功名利禄沾染的话，也自然同其他人有着迥异的气质。

在自然界中野生野长的动植物，远比那些人工饲养的动植物的味道更为甘美，原因在于它们的成长是顺乎自然规律的，而不是人工强加的规律。从某种意义上来说，这个道理放到人身上也是成立的。一般来说，为世俗沾染的人一定与未受到世俗沾染的人在心地气质上有很大的不同，前者看起来更为世俗，后者表现得相对淳朴，也没有太多的私心杂念。当然，并不是所有与世隔绝的事物就都是绝对完美的，不是因为与世俗接触得少就说明自己是个心地最为善良的人。这里之所以说不受世俗沾染的人更为淳朴，肯定是在一个后天的环境中，能够自然本真，很显然是要比那些装模作样的人更为淳朴可亲了。

观物自得，不在物华

栽花种竹，玩鹤观鱼，亦要有段自得处。若徒留连光景，玩弄物华，亦吾儒之口耳，释氏之顽空而已，有何佳趣？

译 文

培植花花草草，饲养各种家珍，要自得于其中、悠然其间才是。要是只满足于眼前的光景，把玩那些外表的美丽景致的话，不过是儒家所说的停留在嘴边的学问，或是佛家所说的冥顽不灵罢了，又何来什么乐趣呢？

解 析

做人要无为或是自修，不是要求一定要和世俗隔绝，不食人间烟火不过是形式主义的东西，有修为重点还是在于精神和思想上的修行，要做到得意忘形、自得忘我才是入境。在栽花种竹、焚香煮茶中过着闲云野鹤的生活，能让人忘却尘世间的很多烦恼和痛苦，也可以做到忘我；而在谈书论道、专心研究学问中过着自在的生活，也能叫一个人进入学问的世界，彻底放下世间的烦恼。孔子曾说过："发愤忘食，乐以忘忧，不知老之将至。"入忘我之境不是单纯地看形式，得其本质才是关键。

无忧无虑，自得其乐

人知名位为乐，不知无名无位之乐为最真；人知饥寒为忧，不知不饥不寒之忧为更甚。

获得了名利地位后的快乐人人都知，却很少有人知道不受名利拖累的那种快乐才是最纯真的快乐；忍饥挨饿的苦痛人人都知道，却很少有人知道满足了温饱后精神不够富足的痛苦才是最致命的痛苦。

解析

现代心理学对人需求的研究发现，人的需求可以分成不同层面，它是个多层次的整体。第一层次的需求也是最基本的需求便是温饱的需求，在第一层次的需求得到满足之后，精神上就会产生多层次的需求。人们追求生活的富足和名利地位这是很现实的需求，但不能总是思考这方面的需求，而应该提升精神方面的修养。一般而言，人们在尚未达到下一个层次需求条件之前是很难想象下一个层次的美好的，就比如古时候的平民老百姓虽然知道皇帝过的日子要比自己好，但具体好在什么地方他们是很难说出来的，至于下一个层次需求是否得以满足就更难去揣测了，所以处在不同层次的人有不同的苦恼。

虚心居理，实心抵欲

心不可不虚，虚则义理来居；心不可不实，实则物欲不入。

人不可以缺少虚怀若谷的胸襟，只有如此才能给人们带来真正的学问和真知；人不可以没有真实执着的态度，只有如此才能抵御物欲的入侵和名利的诱惑。

魏牟对公孙龙说过："就凭你们的智慧还不足以分清楚是非曲直，至于庄子那样高深的理论，更不可能理解。如此高深的理论，你们在看到它的时候就好比是蚊子要移山、蚂蚁要过河一样，困难已经超出了自己的承受能力。同样地，这世上最微妙的理论，凭借你们的智慧还理解不了，不过你们是求得一丁点外表的理解罢了，只能是井底之蛙。庄子的学说能在天地间四通八达，上至云霄，下至黄泉，那种高度几乎很难测量，它始于玄暗幽深，更是复归于无所不通。就凭你这一点点琐碎的体察，就要求与人辩论，这不是太可笑了吗？就如同是在竹管里看这个广大的世界，用小锥子来测量地球的深度一般可笑至极。你还是赶紧离开吧。难道你没有听说邯郸学步的故事吗？还没学会邯郸最优雅的步伐，居然把自己从前的走路方式也忘得一干二净，最后只能是爬着回国。要知道你要是此时不走的话，也会同那个邯郸学步的少年一样，不但没学到东西，还会把自己原来的本业忘得一干二净。"

公孙龙还没说什么呢，自己张开的嘴已经合不上了，翘起的舌头也已经收不回去了，就这样仓皇地逃跑了。

为什么公孙龙会变成这副丑态呢？这段话的开头就说到了公孙龙的智慧是无法真

正理解庄子的理论的。庄子曾以自己的理论来告诫世人：一个自以为是的人若是无法听进他人的意见的话，那他的生命就永远不会有人理解，他只能过着如死水一般的生活。

一字贪念，毁却半生

人只一念贪私，便销刚为柔，塞智为昏，变恩为惨，染洁为污，坏了一生人品。故古人以不贪为宝，所以度越一世。

译 文

人有时从正直变得懦弱，只是因为心头有了一丝贪图私利的念头的出现，还会因此由清醒变得昏庸，从善良变得残忍，更为从高洁的气节转为污浊的人格，结果毁了自己的一生。这就是古人为何把不贪视为一个最珍贵的品质的主要原因，只因为做到不贪才能超脱世俗名利而平静地过一生。

解 析

一个人品行的修养绝非一朝一夕的事情，那是要经过很多磨炼、很多艰辛才能最终完成的。这个过程当中伴随着痛苦和残酷，经历了这个过程之后的君子对人格有污染的人很是不屑也在情理之中。明朝的王阳明所主张的理学中提到了"致良知"，他认为："良知无待他求，尽人皆有，只有被物欲泊没了他。"在他看来，人是不能动贪念的，一旦动了贪念就会迅速泯灭自己的良知，丧失了良知的人还要谈什么正气呢？人若是缺失了正气的话，其他一切的品质都会跟着发生质的变化。譬如从前的刚毅之气会因此消亡，顷刻间化为乌有，原本聪慧的头脑也会变得昏庸发聩，仁慈待人的态度也会因此消失变得恶毒残忍，高尚的品德更别提了，满满地沾满了各种污点。

可见只是一念之间的差别就毁了整个人格。只是现实当中太多人抵御不了"贪"的念头，使得他们的人格因此受到污染和蒙蔽，消亡了自己身上的刚正之气。可知有多少人平生清白，却因为一个"贪"字晚节不保。

转危为安，一念之初

念头起处，才觉向欲路上去，便挽从理路上来。一起便觉，一觉便转，此是转祸为福、起死回生的关头，切莫轻易放过。

想法刚刚萌芽的时候，如果发现它是指引着自己朝着欲望而去的话，就要赶紧用理智将其挽回，拉回正道上来。一开始有邪念的时候，就要警觉，在其刚刚被发现的时候就及时转变方向，这是把祸害转变为福祉、起死回生的机会，一定不要错过，不要轻易地放弃。

解 析

一念之间的变换是可以成为决定将来人生祸福的关键点的。俗话说"一失足成千古恨"，一着不慎就会全盘皆输，人可能会因为这一念之间的变化而悔恨终生。中国古代先儒有"穷理于事物始生之际，研机于心意初动之时"的名言，就是要劝慰世人切勿因为一点点小错误就不放在眼里，一定要在萌芽的时期就消除它所可能带来的危害。尽管一个不计后果的决定往往是在人们情绪失控、失去理智的情况下做出的，但这也说明这个人本身平常就没有意识到自己有这方面的缺陷。对一个个体而言，私心杂念和道德伦理本来就是一对共存于心中的矛盾体，如何用理智去控制私心杂念对自己的操纵，这是需要毅力和智慧的。当发现自己已经被私心杂念所控制的时候，就要当机立断，赶紧把自己扭转回来，拉回理智的正路上。要做到这种扭转，平时的自我磨炼是十分必要的。须知，能操纵自我祸福命运的人只有自己，当还有一线生机时，就不要轻易放弃自己。

赤子之心，世间圆满

此心常看得圆满，天下自无缺陷之世界；此心常放得宽平，天下自无险测之人情。

内心圆满的人，在他的眼里世界也是十分美好的、毫无缺陷的；内心是宽大仁厚的人，世界在他眼里就是诚实的、毫无阴谋诡计的。

心中感到不平的话就想去争取，心中要是有不满的话就会怨恨。任何一个孩子的眼中世界都是美好的，只因为孩子的天真、孩子的单纯，他们不知道争斗和怨恨是什么。可是人一旦长大了，认识到的事物越来越多，原本纯真的赤子之心就会因为利益、权势以及地位发生很多变化，渐渐地有了不平、不满以及竞争的念头，心境自然也无法平静。可想而知，要是待人接物总能保持一颗孩童般的赤子之心的话，那世界在他们眼里就永远都是那样的美丽。

毋任己意，毋私小惠

毋因群疑而阻独见，毋任己意而废人言，毋私小惠而伤大体，毋借公论以快私情。

译文

切勿因为大众的猜疑就怀疑自己独具一格的想法，也切勿坚持自己的想法而不听从他们的建议，切勿贪图蝇头小利就伤害大多数人的利益，切勿借助公众的舆论来满足自己的一己私欲。

解析

凡事都讲究个度，过了这个度的话事物就会朝反方向发展。所以说，从善如流的习惯是很重要的，别总是跟在他人后面"人云亦云"，这样的结果只会造成千人一面，渐渐地有个性的人也就变得没个性了。古人说"千人盲目一人明，众人皆醉我独醒"，实际情况是，不少时候真理确实掌握在少数人手中，只要认定是真理的话就一定不要动摇，该坚持的时候就要积极去坚持。倘若发现自己的想法确实不如其他人的意见高明的时候，也要带着谦虚的精神去听从他人的观点。一个人能力的高下，不在于自己提出了多少观点，更多时候是表现在如何明辨是非，在众多纷争的意见当中保持高度清醒的头脑，而在此基础上再总结出个人的观点，这才更容易出真知。现实当中，绝对的真理是不存在的，什么事情都要顺着自己的意志走的话几乎是不可能的，所以必须有讨论，有公决，最后有了决策者之后才能多方面地吸取意见，形成统一的共识。

耐得一切，方能成器

语云："登山耐侧路，踏雪耐危桥。"一耐字极有意味。如倾险之人情，坎坷之世道，若不得一耐字撑持过去，几何不堕入榛莽坑堑哉？

译 文

古话说得好："要爬上最高的山峰，就要经得起险峻难行的山路的考验，要踏雪就要经得起危险桥梁的考验。"原句中的上下两句均有一个"耐"字，这里用"耐"字可谓是意味深长。人世间有多少事情需要的就是这个"耐"字的精神，不管是复杂多变的人际交往，还是困难多多的世道艰险，要是没有这种"耐"的精神的话，没有人可以渡过这些困难险阻，都会掉进荆棘遍布的山谷之中。

解 析

古时君子将梅、兰、竹、菊统称为四君子，之所以给予这么高的美誉，就因为此四种植物在恶劣的环境中也能绽放自己的魅力，更是能够耐得住风吹雨打，耐得住寂寞孤单。而这种精神正是古时君子所追求、所敬仰、所期盼达到的境界。只有经历了艰辛苦熬的过程才可能追求到一定的境界。且不说立雄心大志，想要让自己达到多高的高度，即便是日常的一点小事，可以做到不拂人心就已经算是很难得了。这其中事事都需要一个"耐"字，没有这种苦熬的精神又何来坚持呢？要吃苦耐劳，要耐得住寂寞，要耐得住心酸，这些都需要"耐"字作为基础。

忙里偷闲，闹中取静

忙里要偷闲，须先向闲时讨个把柄；闹中要取静，须先从静处立个主宰。不然，未有不因境而迁，随时而靡者。

 译文

忙里必须学会偷闲，忙得手足无措的时候就一定要像闲时那样放松自己，调节自己，缓和紧张的情绪；闹中要学会取静，在喧闹的环境当中一定要知道让自己安静下来找回主见。要不然的话，一旦有忙碌或是喧闹的情形来临的时候，就会感觉手忙脚乱，不知如何是好。

解析

临危不乱的前提是要事先做好计划，闲时就要预测自己忙碌的时候会遇到哪些困难，平静下来的时候就要拿好主意，以免在喧闹来临的时候无法听由自己的决定。处事是这样，待人亦是如此。《中庸》说："凡为天下国家有九经，所以行之者一也。凡事豫则立，不豫则废。言前定，则不跲。事前定，则不困。行前定，则不疚。道前定，则不穷。"心静才能深思熟虑，这是待人处事最基本的方法之一。

戒小人媚，愿君子责

宁为小人所忌毁，毋为小人所媚悦；宁为君子所责备，毋为君子所包容。

宁可遭到小人的妒忌诽谤，也不能为小人的谄媚所迷惑；宁可为君子所指责和训斥，也不要被君子所原谅和谅解。

解析

孔子曾提到，君子一般都宽容仁爱，对世间万事万物都抱有很强的爱心，一旦看到他人有所过错的话，就忍不住会上前加以纠正，所以能和而不同。小人的做法则恰恰相反，通常不是盲目迎合，就是阿谀谄媚，从来没有自己独立思考过，总是跟在他人的背后，如影子一般鬼魅。君子心胸宽广，心地坦荡，对人对事从来都不矜持做作；小人则是自以为是，意气飞扬，从不把其他人放在眼中。

古话云："臧否损益不同，中正以训，谓之和言。"这话的意思是，待人处事切记要有原则（这就是"中正以训"的基本含义），还要善于根据具体情况来提出自己的意见（"臧否损益"的基本含义说的就是君子不必担心自己的意见是对是错都要积极提出建议），渐渐在切磋中认同对方。

好名者隐于道义之中

好利者，逸出于道义之外，其害显而浅；好名者，窜入于道义之中，其害隐而深。

译 文

追求利益的人，他的行为一定会超出道义的要求，即便有伤害，但不会非常深远；追求名利的人，他的行为一定会隐藏在道义之中，这样所造成的伤害就会非常深远。

解 析

老鼠过街，人人喊打。无论是谁看到坏人坏事，都不会淡然视之，一定会感到十分痛苦，只因为不论是坏人还是坏事都违背了基本的道德伦理，对社会的危害很大。只是坏人坏事也分层次，不同层次的坏人坏事对社会的危害大小也有所区别。最可怕的要数那些欺名盗世之辈和沽名钓誉之流，外表看起来声名显赫，内在没有一点贤能，就敢于用各种名利来装点自己的外表，用来钓那些自己所需要的各种资本，实在是让人感觉不寒而栗。上文提到的"好名者害隐而深"，这类人算是其中的一种典型。

才华不现，智慧不露

鹰立如睡，虎行似病，正是它取人噬人手段处。故君子要聪明不露，才华不逞，才有肩鸿任钜的力量。

老鹰站立的时候，就仿佛是睡着了一般，睁一只眼闭一只眼，老虎在行走的时候也仿佛是孱弱生病一般，慵懒无力，这才是它们捕食最为高明的手段。由此可以证明，君子也要学会隐藏自己的才华，不随意泄漏自己的智慧，如此这般才能有扛起重大责任的力量。

解析

老子主张"大智若愚"，主要是认为大凡是有远大志向或是智慧超群的人，通常都没有时间去顾及太过琐碎的小事，这样的人外表看来都比较忠厚老实。俗话说"一瓶不满，半瓶子醋晃荡"，真正有才学的人不会随意在他人面前夸耀自己，学习会让他明白学习永无止境；真正才华横溢的人也不喜欢在他人面前随意地施展才华，他们总是深藏不露，免得招来太多人的怨恨。成大事要先学会收敛自己的才华和学识，这就是"良贾深藏苦虚，君子盛德容貌若愚"所说的道理。每个人的经历都是有限的，在大小事情之间只能顾及一个方面，无法全顾，所以贪多只会让所有事情都无法完成。

心静无为，无知无欲

此身常放在闲处，荣辱得失，谁能差遣我？此心常安在静中，是非利害，谁能瞒昧我？

将自己放置在一个闲适异常的环境当中，又怎么会被世俗的荣辱变化所差遣呢？将自己的内心安置在一个很平静的状态当中的话，又怎么可能会被世间的利害关系所蒙蔽和欺骗呢？

老子一向都主张"无知无欲","为无为，则无不治"，在他看来，所有圣贤愚智都无法认同。现实当中确实有很多人也常常关注"无为"，甚至认为自己的处世原则就是"无为"，实际情况却并非如此。在追名逐利的过程中十分忙碌的人，是很难平静心境去修整自己的。只不过他们是最需要自我修复，在闲暇的环境中平心静气地过一段安逸的日子的人。若是做到这样，就不会太把人世间的荣辱成败看得太重。

静里乾坤，无我之境

竹篱下，忽闻犬吠鸡鸣，恍似云中世界；芸窗中，雅听蝉吟鸦噪，方知静里乾坤。

译 文

在乡野之间突然间听到了犬吠鸡鸣之声，才恍然醒悟自己仿佛置身于神仙世界当中；在书房里以优雅的姿态去聆听蝉鸣鸦啼，这才领悟平静中所蕴含的一番天地。

解 析

上述的这段话所描写出来的是文人骚客所期待的一种超凡脱俗的生活境界，这其中还包含了许多哲学的思维。忽然间的几声"犬吠鸡鸣"就可以让静坐在庄园中的人被惊醒，这几句犬吠鸡鸣就是促使从"无我"境界进入"有我"境界的契机。相比之下"蝉吟鸦噪"却无法惊醒那些在书房里静静坐着的修道之人，可见他们已经领悟了"无我"境界，也明白了其中的玄机所在。其实不管是谁，但凡是在静坐当中的人，因为宁静所培养出来的灵性，足以同世间万物做心灵上的交流。也就是在"有我"和"无我"境界的转换当中，如此反复之后才能静悟人生。

冷眼观事，热心处事

热闹中着一冷眼，便省许多苦心思；冷落处存一热心，便得许多真趣味。

如果可以用冷眼来观察热闹喧嚣中的事物的话，就会省去很多不必要的麻烦和心思；用一颗热情进取的心来处理失意落寞的境况的话，也会从中获取不少真正的趣味。

很多理论从本质上来讲都是辩证的，不论是佛家所说的出仕入仕，还是老庄所说的有为无为，基本的要义还是要在纷繁复杂的世俗之间追求一种超然的宁静。但是他们所说的超脱并不是与世隔绝，而是要在世俗环境中寻找超脱的快乐。若是绝对地不食人间烟火，也同样是不快乐的。这说明凡事不能走入极端，一旦到了一个极端就会给自己和其他人造成伤害，也就是过犹不及。

欲有尊卑，贪无二致

烈士让千乘，贪夫争一文，人品星渊也，而好名不殊好利；天子营家国，乞人号饔飧，分位霄壤也，而焦思何异焦声。

贪图蝇头小利的人哪怕是一分钱也会争得头破血流，而行为刚烈的义士就算是叫他们让出自己手中的千乘之国，他们也会礼让的，此两种人的品性有着天壤之别，而真正相似的是前者图利，后者图名；天子掌管天下大事，乞丐则是沿街讨饭，从身份地位上来看两者过于悬殊，而真正相似的是，前者日日为国家事务而苦恼，后者日日为食物而苦恼。

解 析

现实生活中，对于平庸的小人来说生活的全部就是无止尽的欲望，却没有多少精神上的追求。相反的是，贤人君子人生的重点则是精神方面的欲望，当然他们也不是一点物质追求都没有，只不过在这两种欲望的冲突之下，他们更愿意把自己的精力放在精神追求上，这是平庸的小人所无法达到的。也正因为如此，他们所承受的生命苦痛远远超越平庸小人。而他们是用最终所获取的精神满足来展现出伟大包涵力的崭新和谐，孔子所说的"安贫乐道"就是这个道理。

富贵如浮云，名利如粪土

饱谙世味，一任覆雨翻云，总慵开眼；会尽人情，随教呼牛唤马，只是点头。

译 文

世间五味杂陈，各种味道都尝遍的人，哪怕再有什么样翻云覆雨的变化，也懒得睁眼去好好看一眼；体会过了世间各种冷暖的人，任由他人唤自己牛还是马，也不过就是点点头答应而已。

解 析

苏秦是战国时期很著名的纵横家，他以纵横之说在六国之间成为了非常知名的人物，也以能言善辩曾占据了诸子百家中的重要一席。可是他自己一个人第一次出去游说的时候，并没有获得应有的成功，反倒是碰了一鼻子灰回去。回到家里的苏秦遭到家人的冷落，从那以后，苏秦开始奋发图强，希望通过自己的努力换来他人的尊重。也因为如此，苏秦害怕浪费时间，每日学习的时候都用锥子来刺自己的大腿，以免自己睡过去，这就是历史上非常著名的锥刺股的故事。经过一番勤学苦练之后，苏秦再次复出便获得了成功。这一次游说成功以后回到家中，父母在30里外就前去迎接，他的妻子侧目而视，侧耳而听，他的嫂子更是如蛇一般在地上匍匐前行，向四面跪拜来表达自己的敬意。苏秦见到了以后很是诧异地问道："嫂子为何前倨而后卑呢？"他嫂子回答道："只因你地位显赫且很是富有。"苏秦听完嫂子的话以后很是感慨，他说自己未发达时，自己的父母甚至不把自己当作子女，而当自己富贵了以后则所有的亲戚老小都惧怕自己，人世间的富贵荣华居然只在一瞬间就将人变化了。这句话是苏秦的肺腑之言。如果可以换成一个视金钱如粪土、视富贵如浮云的人的话，就不会太过于表现夸张，也不至于同苏秦的父母那样前后有如此迥异的表现了。

追求理性，路途广阔

天理路上甚宽，稍游心，胸中便觉广大宏朗；人欲路上甚窄，才寄迹，眼前俱是荆棘泥涂。

译 文

在追求天理的道路上路可以越走越宽，稍微用点心的话，就可以让心里的念头在大道上自由出入，也会因此感觉到心胸变得开阔；在追求个人欲望的路上走，路只会越来越窄，才刚刚在这条路上立足，就会发现眼前的道路几乎布满荆棘，处处都是泥泞。

解析

人生在世有两种选择，这两种选择会带来两种截然不同的生活方式，有人选择了及时行乐，有人选择追求理性。其实路就在每个人的脚下，只要是合乎天理的路，都随时随地等待人们去选择。那些通向世俗欲望的道路，走起来只能越走越窄，道路上只有枯燥寂寞。要是世人能换一条道路，通向天理的话，就会感觉道路越走越宽，也会在路途的终点看到光明，人的胸襟也会因此慢慢变得恢宏开朗，前途不可限量。那些布满荆棘的道路永远都要受限于外物的驱使，在一时的虚荣和杂念的迷惑当中，是难以启蒙理智的，时间一长了就会让自己堕入欲望的深渊之中。固然说必要的物质需求和情感需求是人们最基本的需求，但在合理的范围中是鼓励的，如果始终沉溺当中的话就是不明智的行为。人在满足了基本的物质需求和情感需求之后，就要有更高的精神追求才是。

内贼外贼，不受诱惑

耳目见闻为外贼，情欲意识为内贼。只是主人翁惺惺不昧，独坐中堂，贼便化为家人矣！

译文

外界总是有很多的诱惑，例如耳朵听到的美妙音乐，眼睛看到的秀美景色，内部的诱惑也不少，譬如心中的所有欲望，这些相对于前者而言都是内在的。不过不论是内在还是外在的，只要主人可以保持清醒和机警的态度的话，就可以稳坐厅堂，不受诱惑所驱使，内心保持平静，把所有内在的欲望和外在的美色都化作推动自己修养的好助手。

有些人总在抱怨心中不断会滋生私心杂念，事实上要抛弃这些私心杂念并不难，只要修身养性就可以做到。只不过内在和外在的诱惑始终存在，只要稍微有些松懈就会感觉到它们会乘虚而入。在内外夹攻当中，不时时提防的话就会被它们所俘虏。只是人永远都成不了不食人间烟火的神仙，缺少了一定的物质需求的话生命会失去生存的基础，也就更不可能去谈论道德修行。只不过一定要克制好自己的欲望，让其在一个最合适的度里发展才有利于调节自己的心境。人的欲望到了极端就会让生命毁于一旦，所以日常生活当中一定要提醒自己发乎情止乎礼，很多时候一失足就纵身欲海的例子实在不胜枚举。高尚的道德情操才是保持发乎情止乎礼的关键要素。

一张一弛，工作休息

念头昏散处，要知提醒；念头吃紧时，要知放下。不然恐去昏昏之病，又来憧憧之扰矣。

译 文

头昏脑涨的时候就要提醒自己振作精神；工作压力过大的时候就要提醒自己要适当地休息放下。如果不这么做的话，恐怕会让自己更加头脑迷糊，也担心好不容易克服了头昏脑涨的毛病以后，又会有更多忙碌疲惫的感受。

解 析

没有工作不需要讲究方式方法，忙忙碌碌最终导致人庸庸碌碌的不在少数，忙碌并不等于成绩。真正地做出成绩是要在有条不紊的过程中将所有的任务都妥善完成，这才能称为有效率。在工作中善于自我调节，劳逸结合，才能贡献出个人最大的能量，唯有在这种方式下努力才会有结果。过分劳累会让人的情绪变得低落，从而失去最基本的控制力，即便是终日奔波，也不会有太好的成绩。有人说过，不会休息的人就不会工作，过分辛苦的身体会让工作中的自己陷入浑浑噩噩之中，辛苦工作却不见明显的成效，如此工作状态又怎能去追求事业的成功呢？

不以物喜，不以己悲

毋忧拂意，毋喜快心，毋恃久安，毋惮初难。

不如意的事情不值得为它而感到无比忧虑，也不要因称心如意而感到欣喜万分，不要过分去依赖长久的安稳，更不要对刚刚萌芽的困难就感到害怕不已并因此而踟蹰不前。

解析

世间没有什么事物是一成不变的，这个世界的普遍现象就是不断发展、不断变化。获得幸福安稳的生活自然是让人感觉喜悦和兴奋的一件事情，可是安稳和幸福只会是暂时的，不可能永久。一旦失去了从前安稳和快乐的生活，切不要因此而失望，不因快乐而喜，也就不会因失去而悲，更何况失望本来就是希望的基础。人生无所谓失意和得意，所谓感觉上的差异都来自于观念。现实的变化也说明凡事都是一时的、相对的，不要因为一时的变化而感觉失意和得意。人生在不同的时期要经历不同的转换，有时候步步艰辛，不代表下一阶段也是困难险阻不断，最重要的是要踏踏实实地走好每一步，才会有所斩获。

人心异同，天地无限

岁月本长，而忙者自促；天地本宽，而鄙者自隘；风花雪月本闲，而劳忧者自冗。

译 文

岁月原本就是很漫长的，只不过忙碌的人都感到时间太过仓促；天地之间原本是很宽广的，只不过卑微的人却感觉局促压抑；世间的风花雪月原本就是有许多闲情雅致的，只不过操劳忧心的人总是自寻烦恼。

解 析

时间的长度谁也无法改变，人们能做的就是做好内心的修行，扩展自我生命的空间，增加生命的厚度，无意当中，生命因为空间的拓展延展到了时间上的无限，自我有了超我，有限变成了永恒。天地本无限，在如此无限的境界中，人们又何苦只在有限的生命当中再次压缩空间呢？不如走出生命的牢笼，让心体会最广阔的天地，不必过于操劳，任游在天地之中，做到这些才是自由自在，也是生命的本源。

休时无休，了无了时

人肯当下休，便当下了。若要寻个歇处，则婚嫁虽完，事亦不少；僧道虽好，心亦不了。前人云："如今休去便休去，若觅了时无了时。"见之卓矣。

人要是想停止一件事情的话，就一定会当机立断，立即了断。要是想给自己找一个绝好的休息机会的话就赶紧找，别似办完了婚嫁之事，却仍旧还有很多家庭的琐事接二连三地到来；离开凡世固然是好，但心中的尘缘却始终未了。古人云："若是当即能罢休的就一定先罢休，如果可以找一个完结的话就当即找一个机会了断吧。"这话确实是真知灼见啊！

大丈夫所作所为一定要当断则断，万事都左右摇摆，绝不是成大气候的行为。日常的事情如此，在名誉功利面前更应当当断则断，不会急流勇退就会为名利所累。古有陶渊明不恋功名，毅然决然隐入田园，如今又有多少人能做到呢？陶渊明在自己的《归去来兮辞》中写道："归去来兮，田园将芜，胡不归？既自以心为形役，奚惆怅而独悲？悟已往之不谏，知来者之可追。实迷途其未远，觉今是而昨非。"古今中外有多少人在名利之前因为贪功而牺牲了自己的生命，譬如韩信；又有多少人在名利之前同陶渊明一般全身而退保住了生命，就比如张良。陶渊明等人不为五斗米而折腰的精神一直以来为后人称颂，可是有多少人能真正做到呢？其实并不难，总结起来就是16个字：得休便休，当机立断；犹豫留恋，了时无了。

从冷视热，从冗入闲

从冷视热，然后知热处之奔驰无益；从冗入闲，然后觉闲中之滋味最长。

站在冷静的角度去回头看看热闹喧哗的名利场的话，就会明白那些一直热衷于名利是多无意义的一件事情；在闲暇时回头看看此前忙忙碌碌的生活，就会品味出安闲的人生中最长久甜美的滋味。

解析

"从冷视热，从冗入闲"的境界只有旷达之士才能达到，中国古代历史上能达到如此境界的典型人物就是庄子。

战国时期的宋国有一个轻浮的人叫作曹商，宋王曾经派遣他出使秦国。在出使秦国的时候宋王送给他数乘的车辆。到了秦国之后，曹商又受到了秦王的青睐，他所表现出来的那副媚态秦王很受用，于是又送了他数乘的车马。于是在他出使秦国之后回到宋国以后就开始飘飘然了，就是在庄子面前他也很自傲地说："你这种在简陋的破屋当中，编草鞋来度日，而且面黄肌瘦的样子，还敢动不动就说说笑笑，我实在是难以想象。我要是有朝一日面见万乘的君主，我敢说我在很短的时间内就可以取悦他，而且获受官爵，你呢？我想你没有这种长处吧。"庄子听完以后就十分轻蔑地对他说："秦王曾经因病召请天下医生，当时他提出的条件是只要能治好他的脓疮就可以获得一乘车马，要是谁愿意为他舐痔疮的话就可以获得五乘车。秦王许诺，行为越是卑贱的话，能获得的车乘就越多，你能有那么多的车乘，多半是因为干了更卑贱的事情了吧！"

烈火焚身，心静自凉

有浮云富贵之风，而不必岩栖穴处；无膏肓泉石之癖，而常自醉酒耽诗。

译文

视荣华富贵为浮云的话便是有风骨之人，大可不必隐居至深山洞穴中；没有狂恋山石清泉的人，即便是醉于酒中常常作诗的人也有自己的一番乐趣。

心静自然凉，只要是入无我之地，即便是在烈火当中也会感觉无限冰凉。

知足常乐，善用则生

都来眼前事，知足者仙境，不知足者凡境；总出世上因，善用者生机，不善用者杀机。

译 文

每一天的日常生活，懂得知足的人就可以感觉入仙境一般，不懂得知足的人就只能在世俗的世界当中碌碌无为；究其原因，不过是善于运作的人能够多给自己创造一定的机会，而不善于运作的人就会自我毁掉很多有利的机会。

解 析

人不会总安于贫穷的现状，先要填饱肚子才可能去追求更高的精神境界。倘若一个人拥有再多的财富都不知足的话，就一定会在权力和名利的争夺之下永远奔波忙碌，这种感受与那些还在生存线上苦苦挣扎的人有什么本质的区别呢？人生的真正乐趣其实是来自于知足常乐。老子说过："知人者智，自知者明；胜人者有力，自胜者强；知足者富，强行者有志；不失其所者久，死而不亡者寿。"人的生命原本就有限，能做的事情也都有限。既然如此，就要把生命融入最有价值的追求当中去，把自己的聪明才智发挥到这其中去，展现自己的能力。这远比那些只知道追名逐利的人强上百倍。

富贵如云，宁静致远

趋炎附势之祸，甚惨亦甚速；栖恬守逸之味，最淡亦最长。

译 文

趋炎附势之人都会招来一定的祸害，而且这祸害常常是最惨烈的、最迅速的；栖守恬静过着淡泊生活的人，尽管日子平淡却趣味盎然恒久。

解 析

历史上有很多喜欢攀附于权贵的奸佞小人，他们获得一时的荣华富贵就会依势作威作福，却不知权贵本身就是一时的、相对的，转眼间就可以灰飞烟灭，他们就会因此失去所依附的靠山。唯独那些心态恬静、从不贪求名利的人，每每在自由自在的生活中感受宁静致远的意境，冷眼观世间的喧闹，这便是人生的最终乐趣所在。古人所说的"唯是隐者留其名"便是这个意思，这其中的深意岂是那些追逐名利的奸佞小人所能知晓的呢？

贪婪常贫，知足常富

贪得者分金恨不得玉，封公怨不授侯，权豪自甘乞丐；知足者藜羹旨于膏粱，布袍暖于狐貉，编民不让王公。

译 文

贪婪的人总恨不得有人多给他分一点珍珠玉石，恨不得有人给他封赏官爵的时候能多一点实权，他们不知道的是权贵人家甘心将自己自比为乞丐；知足常乐的人哪怕是一般的粗茶淡饭也会视为珍馐佳肴，一般的粗麻衣服也会看成是狐皮貂裘，身为最简单的平民百姓也能感觉幸福自在，一点不输给王公贵族。

解 析

世人形容贪得无厌的人为"得寸进尺，得陇望蜀"，这形容得确实非常贴切。事实上，世人中仅有少数人一点不贪，只因他们领悟了知足常乐的道理，才能有超凡绝俗的豁达情怀。适度的物质满足是必要的，而且它对实现抱负有一定的作用，最重要的还是要看运用财富的出发点何在。现实生活迫使人们要去满足一定的物质需求，这是社会发展的一大动力，不是说安贫乐道就要否定一切物质欲望的追求。这里强调的是一个人不能为物欲所包围，不能把自己变成物质欲望的奴隶，不择手段地投机，借用一切权势来为满足自己的利益而服务，不然则会变得贪得无厌，最终为世人所唾弃。

权势之诱饵奈我何

我不希荣，何忧乎利禄之香饵？我不竞进，何畏乎仕宦之危机？

译 文

我从来不奢望得到名利和富贵，又何必担心会有功名利禄的诱惑呢？我从来没奢求过要在仕途上与人竞争，又何必去担心仕途上的各种危机会威胁到我呢？

解 析

名利场上总是布满了荆棘，这才有了古来"善泳者死于溺，玩火者必自焚"、

"香饵之下必有死鱼"的一系列说法。这些古训就是为了来劝说人们切勿在复杂多变的名利场上重蹈覆辙，提醒自己为人做事要考虑得更周全一点。其中最关键的一点就是不要把荣华富贵和功名利禄视为人生的最终追求，将名利这东西看得淡泊一点就不会栽跟头了。一个对功名利禄不曾寄予任何希冀的人，绝不会阿谀奉承，定会悠然自得。

人归自然，融通自在

身如不系之舟，一任流行坎止；心似既灰之木，何妨刀割香涂。

身上若是没有任何牵挂的话，好比是没有系上缆绳的小船儿那样自由，可以随波逐流；心要是像已经烧成了灰的草木一样，何惧刀砍和涂香所带来的疼痛。

心中功名利禄的欲望过于强烈，对荣辱得失计较太多的话，就会时常感觉忧郁和不满。谁都期望自己能过上逍遥自在的生活，只是要真正地乐在其中，就必须抛弃各种私心杂念，不论是在什么样的环境中都可以逍遥得体。总而言之，修养是最关键的因素，人要做到在利益面前不动心。孔子曾说"六十而耳顺，七十而从心所欲不逾矩"，个人的修养功夫就在于"来去自如，融通自在"。为人贵在自知，在生活中摆正自己的心态，才会不强求、不屈就。摆脱恩怨之心才能寻求自然，多一分洒脱就增一分人生的真趣味，从而达到不动心、无所求的自在境界。

机息心达，自有隐性

机息时，便有月到风来，不必苦海人世；心远处，自无车尘马迹，何须痼疾丘山。

一切欲望想法都已经平息了以后，就会感觉清风明月徐徐而来，人世间的一切都不会再被视作苦海；思想超越圣世时，就会感觉不到车马的喧嚣嘈杂，又何须费力去寻找什么僻静的山林？

常言道："有心为善虽善不赏，无心为恶虽恶不罚。"显然，有无心机和善恶因果关系一点不大。人生在世只要保证心无邪念力求发展即可，断不能全凭心机来求发展，这样只能是招来不断的恶事。人的行为也要随真心而务实，心地纯净，又何苦要拘泥于隐居山林当中？所谓大隐隐于市，也是保持了纯净心境。道德高尚的人又岂会为虚名所困扰呢？

天地之心，生生不息

草木才零落，便露萌颖于根底；时序虽凝寒，终回阳气于飞灰。肃杀之中，生生之意常为之主，即是可以见天地之心。

草木凋零之后就会开始在根的底部萌发出新的芽；到了寒冬时节，阳气虽不盛却可以知道马上就会有阳气升腾。肃杀的氛围中，大地仿佛在酝酿着重重生机，也可以由此看出天地孕育万物的本性。

俗话说生死相依，天地万物间的生死就是在不断地循环过程中绵延下去，相替而出。万物还没出现之前天地间就已经开始孕育生机，这就是天地间万事万物产生的一个循环规律，这是个足以知晓和行事的法则。草木凋零之际绝非无生机，而是在事物的内部有不息的生机。因此看事情不能只看外表，事物的变化要求人们思考其中的变化。

雨后观山，静夜听钟

雨余观山色，景色便觉新妍；夜静听钟声，音响尤为清越。

雨后观赏山峦变化的颜色，那时的景象看起来会更觉清新秀美；夜深人静的时候有钟声响起，更觉声音清越悠扬。

自然界的美不仅仅在于听觉，也在于视觉，它们会从多方面给予人们美的享受。唐代诗人张继曾在自己的名诗《枫桥夜泊》中写道："月落乌啼霜满天，江枫渔火对愁眠。姑苏城外寒山寺，夜半钟声到客船。"诗句中的意境更多是通过听觉来感受的。不论是听觉还是视觉，人们对不少事物的感受从本质上来讲没有什么不同，不同的是看的或是听的人的看法不同，所谓仁者见仁，智者见智。个人的兴趣修养不同以及当时心境的差异，都会给众人美感体验上带来一定差异的感受。生活中自然要以山水之情趣为好，雅士隐者独爱"雨后观山，静夜听钟"。

秋　交友齐家篇

以孔子、孟子等人的观点为代表的儒家思想最重仁爱，仁者爱人，其中有不少观点都提及了齐家和交友。齐家的目标在儒家看来便是家庭和睦，父慈子孝，兄友弟恭，而交友也是如此，君子之交淡如水，切勿彼此欺诈，当以诚相待，互见真心。

身心正，侠义全——识人交友存素心

儒家说到修身、齐家、治国、平天下，修身放在了第一位，显然作为君子先正自我身心才是根本。君子与人交心，平心静气，不诈善人，对内孝敬父母，对外与人热情和气，一切任由自然，自适其性。

感时花溅泪，恨别鸟惊心

疾风怒雨，禽鸟戚戚；霁日风光，草木欣欣。可见天地不可一日无和气，人心不可一日无喜神。

译 文

狂风暴雨的侵袭之下，天上的飞鸟都会感觉忧伤不已，惴惴不安；风和日丽的环境当中，花草树木都能表现出欣欣向荣的模样。所有的自然现象说明，天地间每一天不可无祥和安宁之气，人心中也每天不可无愉快喜悦之情。

解 析

人的心情变化经常会受到客观环境的好坏影响。一般来说在风和日丽的天气里，自然界一片生机勃勃，看到这般景象人们的心情也因此显得豁然开朗。因此心情状况的变化随时都随着外界的转移而变化，同时心情状况也会影响人们看待世界万事万物的观点。人们在发怒的时候，所见到的事物都会显得可叹可悲；内心充满喜悦的时候，看到所有的事物都觉得非常快乐。唐代著名诗人杜甫在自己的《春望》诗中写出了"感时花溅泪，恨别鸟惊心"这样的诗句，说明了人的这种体验。现实生活中人们会经历不同的喜怒哀乐的事情，在这个过程中心中要保持平衡，才能激励自己努力向上，推动自己积极进取。

真味实意，乃真英雄

醲肥辛甘非真味，真味只是淡；神奇卓异非至人，至人只是常。

美酒、肥肉、辛辣和甘甜都不算是最真实的美味，最真实自然的美妙滋味都来自于平淡真实；无论是言谈还是举止都异于常人的人，不一定就是各方面道德修养达到极致的人，所谓完美的人应当是在外在的各方面看起来和普通人无异的人。

其实人人都是常人，都是普通人，就算是那些已经取得了一定成绩、功成名就、令人仰慕的人，说白了也都是常人。既然大家都是普通人，那就要时常提醒自己要保持一颗平常心去面对生活。

侠义交友，素心做人

交友带三分侠气，为人要存一点素心。

交朋友一定要有为朋友两肋插刀、与朋友患难与共的侠义精神，处世做人总要保留一颗朴素自然、善良淳朴的赤子之心。

译 析

孟子曾提到："无同情心者，不可称之为人……无是非心者，不可称之为人。"东汉的赵岐，因为多次向皇上提出反对京兆尹唐玹的倒行逆施，结果引来了对方的忌妒和不满，于是众多的宦官爪牙对其进行迫害，最终赵岐一家人都为唐玹所杀，仅有赵岐一人幸免于难。从那以后赵岐只能隐姓埋名逃亡四方，最后在北海以卖饼为生，定居了下来。到了北海没多久，就有一个叫孙嵩的北海人开始怀疑赵岐的身份，在他看来赵岐不太像是一个普通的小商小贩，于是他就上前问道："这饼是你自己做的吗？"赵岐回答说："不是，是我买来的。"孙嵩又问："那你这一个饼买时多少钱，卖的时候一个多少钱？"赵岐只得如实回答他的问题："这饼我买的时候是一个30文，我还是30文卖出去的。"孙嵩听完以后就赶紧把赵岐带到了自己家中，只怕是让人发现他的身份。直到唐玹一家人都被满门问斩以后，孙嵩才让赵岐重见天日，并鼓励他入仕，没过多久赵岐就重新为朝廷所重用。到了汉献帝的时候，赵岐已经官拜太常卿，当时作为宣慰副使开始到全国各地出巡，恰好和老朋友孙嵩再一次重逢，多年之后两人见面分外感动。

苦枯有度，怡情利人

忧勤是美德，太苦则无以适性怡情；澹泊是高风，太枯则无以济人利物。

勤劳且有智慧是一种难得的美德，要是生活中因为过于较真而让自己太苦，对陶冶情操、精神愉快实在没有太多的帮助；淡泊名利是高尚的风骨的一种表现，太过不近人情的话于他人、于他物都不会有太好的影响。

孔子提出，人精神道德中的最高境界就是中庸。为人处世，切勿超越一定的度，不能过分，更不能做得不够，要知道过和不及都不是最佳状态，偏离了最佳的状态就不会是最好的结果。中庸一直都是儒家理论中很重要的一个理论点，在儒家所追求的妙境中中庸是其中一点，这是一种为人治国的艺术，更是一种理想化的构想。

宽于小人，恭待君子

待小人，不难于严，而难于不恶；待君子，不难于恭，而难于有礼。

品行不端的小人要严厉对待他们实在不算难，最难的在于如何不去厌恶他们；道德高尚的君子要毕恭毕敬地对待他们实在不算难，最难的在于遵守适当的礼节。

　　东汉的陈实曾当过太丘县令，在担任县令的时候，他主张在自己的家乡为百姓们主持公正。有一年太丘闹饥荒，百姓忍饥挨饿。有一天一个小偷夜间偷偷潜入了陈实的卧房，一直在房梁上等着机会下手，不知很快就被陈实发觉了。只不过陈实并没有惊动他，而是从床上起来先是整理了一下自己的衣物，再把自己的儿孙都叫到了自己的房间里，唤到跟前非常严肃地训导他们说："为人一定要知道自勉。没有人生来就是恶人，很多人原本也是好人，只是因为他们沾染了不良的习气，这才做了坏事，丢了自己的羞耻心。就好比是房梁上的那个梁上君子就是这样的一个人。"小偷听到陈实的这么一段话很是吃惊，急忙从房梁上跳了下来低头认罪。陈实语重心长地开导这个小偷："我看你怎么也不像是坏人，只要诚心改过的话，还是有改过的机会的。我知道你做这偷鸡摸狗的事儿绝不是自己所愿，而是贫穷和饥荒所致。"说完了以后，陈实就吩咐自己的家人取出二匹绢送给了这位已经表示悔过的小偷。这件事情在当时传为一段佳话，那些曾动过邪念的人们都因此感到非常惭愧，渐渐地，县城里面小偷小摸的事情也就越来越少了。

降魔驭横，先伏心平气

　　降魔者，先降自心，心伏则群魔退听；驭横者，先驭此气，气平则外横不侵。

　　降服魔鬼首要的是要做到降服自己内心的邪念，心中的邪念一旦降服了，不管是什么魔鬼都会自动退下；想要驾驭住那些横行霸道的事情，首要的是要控制住这浮躁的心气，自己浮躁的情绪被控制住了，外界所有纷纷扰扰的事情才不会乘虚而入。

认识世界先要认识自己，认识自己绝不是认识的最终节点，人们要通过认识自己来看到自己的优势和缺点，从而扬长避短，摆脱内心劣根性对自己的影响。因此认识自我在于战胜自我。

发展自己，提升自己，要做到控制自己的能力和培养自己的智力两者并行。空有智慧也是无法完成个人追求的，缺少强迫自己进步的力量，自己也只能停滞不前，没有自制力的人是没有力量实现理想的。

老子说："自制者强"，"强行者有志"。几千年来这个亘古不变的真理流传至今，还具有很强的现实价值。现代人要完善自我和提升自我，还要依照这样的真理来强制和警醒自己。

感官桎梏，欲望机械

一灯莹然，万籁无声，此吾人初入宴寂时也；晓梦初醒，群动未起，此吾人初出混沌处也。乘此而一念回光，炯然返照，始知耳目口鼻皆桎梏，而情欲嗜好悉机械矣。

译 文

夜半时分，仅有一盏如萤光一般微弱的灯光，所有声音都已经消失的时候，这是所有人刚刚开始陷入睡眠中的时候；清晨人们从梦中醒来，世间万物都尚未复苏，这是人们刚刚开始从混沌中苏醒过来的时候。要是利用这个时候来好好反省一下自己的内心世界的话，就会很清楚知道所有的五官观感都是束缚人们心智的枷锁，而七情六欲就是让人堕入凡尘的机械而已。

　　追求内心的平衡和心情的安宁，人们从古至今都在苦苦追寻。在如此艰辛的追寻过程当中，人们发现与世隔绝几乎是不可能的事，生活中缺少了外物的话是不完整的。中国古代认为盘古开天地之初，天地还没有分开的时候就仿佛一个很大的鸡蛋，所有事物都是浑然一体的。直到盘古开天地，劈开了天地之后，清气上升成了天，浑浊之气下沉成了地，随后有了形形色色的山川河流和花草树木，再后来又有了各种动物生命的生成。夜晚人们睡着的时候，身体和灵魂都相对安宁了，此时再也没有白天时候的善恶苦乐纠缠着自己，此时的自己更像是处在天地尚未分开之初的混沌状态。梦过之后，身体和灵魂又回到了现实当中，也就因此恢复了善恶苦乐的观念。因此大家须在夜深人静万籁俱寂，人们都已经安眠的时候，如曾子说的那样，好好地去反省一下自己，而反省自己的标准则是是非善恶。反省的内容是人的感官所带来的欲望是不是会在如此安静的环境下违背道义？事实上人的这些七情六欲是不可能完全被摆脱或是割断的，一个人缺少了感官和情感的话，那就是个无情无义的木头。只不过选择在万籁俱寂的环境当中去反省的话，因为处在混沌的状态，就会感觉人的精神和是世外之物是相通的。而在现实中的人们却常常是矛盾的，心灵的空虚寂静也会因此而感受十分明显和清晰。因此好好让自己反省一下，这一切只为修身养性。

欲擒故纵，其义自明

　　事有急之不白者，宽之或自明，毋躁急以速其忿；人有操之不从者，纵之或自化，毋躁切以益其顽。

　　不少事情越着急去搞清楚，就可能搞不清楚，反倒是放轻松一些，多给自己一点时间，事情可能会不解而明，千万不要因为急躁而急着要弄明白所有事情，反倒是欲速则不达，还会把气氛弄得很紧张；有些人很期望有人能指导他，却从未虚心听取他人意见，既然如此，不如放松一点约束，这个人兴许就会自我觉悟，千万不要因为急躁心情而进一步约束他，这只会增加他的抵触情绪从而变得更顽固。

解析

无为自化，不少世事不言自明，非强求就能做到，常常是事倍功半，反倒是让自己感到十分局促紧张，不如任其自然，一切就能迎刃而解。不少人很是急躁，想尽快去解决问题，结果是欲速则不达，事情不成反让自己为事情所扰，内心不够安定，即便是问题最终解决，也无法体会其中的成就感。与其如此，不如顺应事情的规律而行，点化生命的智慧，不受其扰，自然会得其中真义。

愈隐愈显，愈淡愈浓

遇故旧之交，意气要愈新；处隐微之事，心迹宜愈显；待衰朽之人，恩礼当愈隆。

译文

与多年未见的老朋友见面的话，情谊更要比见到新朋友还要热情和真诚；处理那些隐秘微小的事情的时候，心迹态度要比处理其他事情更光明磊落的；对待那些年老体衰的人，礼仪情绪要比对待其他人更加隆重和周到。

解析

虚堂和尚的三位法友石帆、石林、横川有一日结伴到灵隐寺旁的鹫峰庵去拜访他。三人见面了以后，临分别之时虚堂把三位法友送到门口。当时就在满是竹子的门前，风儿吹拂碧绿的竹叶沙沙作响，那声音听起来好比是一首非常轻柔的赞歌，赞歌就像在赞美他们几个人之间的友情。就在这样凉风习习、竹叶沙沙的环境下，虚堂一时诗兴大发，就吟诵出了"相送当门有修竹，为君叶叶起清风"的诗句。君子间清纯的心情用禅语来形容的话便是"一期一会"。一期一会的意思便是人和人之间一辈子只见一次面。今日一见之后他日不再见面，那如今便只是这一次见面而已，该是多么珍贵的会面啊！

赏罚并用，宽严有序

恩宜自淡而浓，先浓后淡者，人忘其惠；威宜自严而宽，先宽后严者，人怨其酷。

译 文

施恩于人应当有个逐渐递进的层次，先浅后深，要是倒着来，由深入浅的话，对方就不容易记住自己对他的恩惠；树立个人的威信也要有个逐渐递进的层次，先严后宽，要是倒着来，由宽入严的话，对方就容易因此怨恨自己。

解 析

如果自己已经感觉很饿了，这时候面前既有美味佳肴，又有粗茶淡饭，先吃珍馐佳肴再吃粗茶淡饭的话，势必后者就很难下咽，要是反着来的话，原本的美味佳肴吃起来就更让人感觉有滋有味了。其实这个道理放在人际交往和管理工作中也是如此。俗语中说到"恩威并用"和"宽严兼施"，所以说最佳的待人方式就应该是"先严而后宽"、"先淡而后浓"，要真诚待人，或是真诚对事，不虚伪才能做到赏罚并用或是宽严相济。

风花雪月，独闲得之

风花之潇洒，雪月之空清，唯静者为之主；水木之荣枯，竹石之消长，独闲者操其权。

风中的花朵会随风而摇曳自己的身姿，雪夜里的月光明亮皎洁，唯有心中宁静的人才会在这般美景中成为主人；水畔的树木无论繁茂或枯败，竹林之间的石头无论消退或增长，唯独心态闲适的人才能把玩此番景象。

自然界的"风花"、"雪月"带给人的感受是闲适恬静，与此同时还能增进自己的思考能力。智慧的提升和个人心境修养的培养，彼此之间是相辅相成的，两者可以相互促进，有了智慧的提升就可以保证心境的恬静，心境的恬静则对智商的提升有很大的帮助。两者均为个人的涵养，如果处理好了两者之间关系的话，个人本性中就会自然而然地流露出和顺之气，这就是真正的智者所表现出来的模样。真正意义上的智者不会咋咋呼呼地急于表现自己，不会轻易去让自己锋芒尽露。那些吵着嚷着要表现自我智慧的人，通常都是缺乏个人修养和自我智慧的人，只怕没有人会理会他，怕世上的人忘了他的存在。

世人常说半桶水最是摇摇晃晃，里面的水也在摇晃中晃了出来，必须是满桶水才不会摇摇晃晃。同样的道理，充满了智慧的人一般都默默无闻，仿佛是风平浪静的大海一般，里面蕴藏着高深的智慧和个人修养，却始终表现得非常沉静和渊博。相比之下，智慧并不那么高深的浅薄之人，比起大海来他们更像是仅有一点点水的小溪，不论流到什么地方都会发出声响。

包容万物的只有虚，哪怕再多的东西往里面灌也看不见满的样子，就算是取出来也不见空。人们不知道它之所以如此的原因和源头是什么，就这样它能够保持永恒的生机。获得真理的只有静，俗话说得好："万物静观皆自得。"一弯平静清澈的湖水静静地在那儿才会看到湖面上倒映出来最美的山景。要是不平静的水就无法看到如此美丽的景色，在奔腾当中只会听到水击打石头的呃响声，没有什么山川景致能倒影到水面上。对于人而言，修养个人心智的方式也只有静，如果心中常常有浮躁的情绪，只会让人变得荒疏浅陋。有了闲情逸致并做到心静的人才是真正耐得住寂寞的人，自然界的真趣也会因此感受得到。

和气热心，福泽绵长

> 天地之气，暖则生，寒则杀。故性气清冷者，受享亦凉薄。惟和气热心之人，其福亦厚，其泽亦长。

译 文

自然界的气候变化对自然万物有很大的影响，气候变暖了以后则催生各种生物，当气候变得寒冷的时候，万事万物则会跟着变得肃杀和萧条。所以说，为人的道理和世间万物皆相同，一般来说那些性情相对孤傲的人所能享受的福分就比性情和蔼热情的人要薄许多。唯独那些待人和气、热心肠的人会福分绵长，可以享受的恩泽也要长久许多。

解 析

过去有一个供养庵主 20 年的老婆婆，她给庵主送饭的时候总喜欢遣一位美女去，吃饭的时候让美女在庵主身边伺候着。为了试试庵主的定力，有一天这位老婆婆在让美女送饭之前，特意盼咐她过去了以后就紧紧地抱着庵主，看看庵主的反应会如何。

去送饭的美女按照老婆婆的吩咐做了，她把饭送过去以后就紧紧地贴在了庵主的身上，还诱惑庵主说："庵主啊，你难道不想这个时候跟我一起干点什么吗？"庵主见状便回答道："枯木倚寒岩，三冬无暖气。"美女将自己和庵主之间发生的事情一五一十地都告诉了老婆婆，老婆婆听完以后一下子就怒火中烧："这20年我居然白养了一个俗人，此人绝非僧人。"一气之下她就把这个庵主赶出家去，更是一把火把庵堂给烧了。庵主无奈，只好走了。三年后，庵主又去找老婆婆谈心，希望老婆婆能再一次成就其闭关之事。老婆婆在其闭关三年间，又遣美女去给庵主送饭。美女还是照着从前的方式抱住庵主，这一次庵主开口说："天知、地知、你知、我知，莫教你家婆婆知！"婆婆听了这话后就开心地说："善哉，善哉，你终于开悟了。"要说谁能真正了解这位慈悲老婆婆的心情呢？显然三年后的这位庵主做到了。

孝道之心，尽孝父母

问祖宗之德泽，吾身所享者是，当念其积累之难；问子孙之福祉，吾身所贻者是，要思其倾覆之易。

译 文

若是要问祖先留给我们的恩泽是什么的话，只需看看现在自己已经享受到的福泽就知道了，明白了自己所得到的福分就应该好好感谢当时为自己积累福祉的先祖才是；若是要问自己的子孙后代能享受到什么样的福分的话，只需看看自己现在能留下来的恩泽有多少就知道了，与此同时也要明白这些留给后人的财富是有倾覆的危险的。

解 析

《诗经》中有一首诗写道："哀哀父母，生我劬劳……抚我畜我，长我育我。"诗中提到了父母的养育之恩必须牢记在心，中国古代的儒家思想更是提倡为子女者必须牢记父母之心，对父母亲的养育之恩要时时保持感激之情。至于如何保持感恩，最简单的做法就是尽孝道。

荀子认为，世间最为绝对的事情只有对父母尽孝，就算是忠君也是相对的，而不是绝对的。父母固然也有过错，即便如此，子女也应当表现出恭恭敬敬的样子才行。不得不说的是，当父母老去的时候，子女有赡养父母的义务，必须侍奉父母、尊敬父母，这个无论是过去还是现在都是检测一个人人品的最基本标准。古语云：子不嫌母丑。亲情是从古至今最为感动人的感情。无论走到哪里，无论变成什么样的身份，无论取得什么样的成就，无论身份、地位和名誉上有多大的变化，自己始终是父母的孩子，这一点是无论如何都不会改变的。孔子的弟子子路就是个很守孝道之人。子路每每回忆起自己负米养亲的情景时，内心当中都有非常多的感慨和无限的依恋之情。子路说过："那个时候我总喜欢背负重担，为了父母而跑那么远的路从不休息。因为我知道家中生活境遇贫寒，为了奉养双亲，也婉拒在家中。父母在世时，我常常粗茶淡饭，把自己省下来的粮食不远百里背回家。那时候尽管生活非常苦累，但心中十分欣喜。父母过世后，我曾经南游到了楚国，带着上百辆的车乘和积粟万钟，坐在坐垫上，列鼎而食，从那以后我再也不用思虑百里之外的双亲的生活，尽管我的生活情况变好了，昔日的那些心中的甘甜和滋润却再也不能得了。"子路的这种孝顺之心怎么能不让人动容呢？

君子诈善，无异小人

君子而诈善，无异小人之肆恶；君子而改节，不及小人之自新。

译文

君子若是伪善的话，那行为举止和一个邪恶多端的小人没什么区别；君子若是放逐自己、自我堕落变节的话，那行为举止也比不上某些改过自新的小人。

《庄子·列御寇》中记载这么一段话："那些德中藏着祸害之心却不为人知，且蒙蔽了心眼的行为举止，这绝对要比任何祸害都来得大。心眼被蒙蔽了之后带着主观念头去观察事物的话，就一定不会有什么好结果。坏的品质可以分成五种，第一位的就是心中的品质。那么何谓心中的品质呢？其实就是那些自以为好的东西，却总在诋毁自己从来不做的东西。"

　　现实中存在很多伪君子，看起来很是道貌岸然，口口声声说着仁义道德，实际上满肚子都是阴谋诡计，这祸害绝对不亚于小人。

人畏不忌，人毁不惧

　　曲意而使人喜，不若直躬而使人忌；无善而致人誉，不若无恶而致人毁。

译 文

　　委屈自己的意志去讨好他人，博得他人的欢心，这种情形比起那些小人憎恨刚正不阿的行为更招人恨；缺少值得称道的善行的人却堂而皇之地接受他人的称颂，这还不如那些没有恶劣行径却遭小人诋毁的事情，此事更显恶劣。

解 析

　　孔子说："君子庄敬自重，而与人无所争。"荀子说："才华横溢、品行过人的君子从不与他人争名夺利，也从不傲慢，这就像是一个力大如牛的人，从来不真正和牛去比力量，走路比马还快的人，不和马去比速度一样。他们才智过人，且自知此事，却从未和他人去一较高下。"

宋代的宰相富弼在年轻的时候，听到有人传言某某人在背后骂自己。富弼不相信，于是说："那应该不是骂我吧，骂的是别人。"传言的这个人对他说："骂你的那个人可是指着你的名字骂的，怎么会是骂别人呢？"富弼说："那还有可能是骂的和我同名同姓的人啊。"据说，那位正在骂他的人听完了富弼的话之后心里很是愧疚，于是打那以后再也不敢骂富弼了。可此人为何会因此感到愧疚呢？很简单，因为在人格的比较上，他已经明显感觉到富弼人格的优秀和突出了，所以他只能自叹弗如。

喜奇者无识，独行者非恒

惊奇喜异者，无远大之识；苦节独行者，非恒久之操。

总爱标新立异、行为在他人看来很是奇怪的人，绝不是那种见识深远、知识丰富之人；那些在苦苦修行自我品节且喜欢特立独行的人，也绝非有永恒操守的人。

佛家有"夏安居"，意思就是让僧人在雨季到来的时候大概三个月的时间禁止其各处云游，只得在寺里修行。有一年临济和尚仅仅修行了才一个半月就破了禁例，出门到黄檗所修持的山上去拜访。一到山上就看到师父黄檗也在修行，正在认真地诵读经书，见到此状的临济心里想："原本师父在我心里是个非常了不起的人物，如今看来也不过如此，也就是个在住处念经诵佛之人罢了。"在山上过了几天之后，临济要下山了，在临行前师父语重心长地对其说："如今你违反了寺中的禁例，修行一半就擅自上山，现在又要半途下山，这是为何？"临济回答："我是想过来和师父打声招呼而已。"听到这个，黄檗很是生气，就把他狠狠地揍了一顿，随即逐下了山。临济下了山以后忽然又生疑念，于是自己一个人悄悄地潜入了寺里，一直待到了夏安居结束。夏安居结束了以后，临济又去向黄檗辞行，黄檗问："这回你打算去哪儿？""不是河南就是河北。"黄檗听完以后又忍不住狠狠地打了临济。这次和上一次不同的是，临济突然一手抓住了自己的师父还手了。不曾想，黄檗却因此而哈哈大笑，可见他认可了临济的做法，显然是知道临济已经领悟了其中要跨越彼此间的鸿沟的道义了。

忘恩负义，薄之尤也

受人之恩，虽深不报，怨则浅亦报之；闻人之恶，虽隐不疑，善则显亦疑之。此刻之极，薄之尤也，宜切戒之。

译 文

接受了他人深厚的恩惠不思回报，却在对他人仅有一点点怨恨之意时就开始报复；听到他人为恶，尽管不够明显却也深信不疑，而听到他人明显为善之后却对此表示怀疑。这种人实在是太过刻薄了，一定要引以为戒。

解 析

中国传统文化中一直在宣扬"隐恶而扬善"的美德。在《论语·宪问》中，"或曰：'以德报怨何如？'子曰：'何以报德？以直报怨，以德报德。'"做人必须做到恩怨分明才能到达较高的思想境界。到达这么高的思想境界是需要一定的环境去打磨的，更需要有宽厚的胸怀和优秀的道德基础才能做到的。生活当中很多时候，是"好事不出门，坏事传千里"，有不少人喜欢打听他人的隐私，这当中有些人是出于好奇的恶习，有的人则是因为记仇才这么做的，还有一部分人知恩不报却因此而造成双方的反目成仇。但不管是哪一种人，他们的行为都会让人际关系一时间恶化，这么不真诚的做法让朋友之间针锋相对，又何来彼此之间的和谐呢？君子的品德修养要做到的就是隐恶扬善，人际交往中有了这么个交际方式作为前提关系就自然会和谐许多，这和做人不讲原则不是一回事。

谗言不惧，谨防蜜语

谗夫毁士，如寸云蔽日，不久自明；媚子阿人，似隙风侵肌，不觉其损。

搬弄是非的人会喜欢诬陷那些很有德行的君子和贤人，就好像是一片云遮住了太阳一般，只要一阵风就可以吹散那片云，不久之后可以让光明重现；阿谀奉承的人就好比是从门缝和窗户的缝隙里吹进来的风一般，那股邪恶之气可以慢慢地侵蚀人们，不知不觉中就受到了它的侵害。

解析

爱搬弄是非的小人常常用各种恶言恶语去诽谤和诬陷他人，像遮住太阳的那一点点浮云一般，一点点风吹草动就会吹散它，让太阳重现光明。卑躬屈膝的小人爱用一些甜言蜜语去迎合其他人，这种行为无异于是从缝隙中吹进来的邪风，在不知不觉中让人受其伤害。

所以，与其总是诅咒黑暗，还不如干脆给自己点一支蜡烛；与其花时间和精力谨防蜜语，还不如提高自己的定力和修养。

造化人心，天人合一

当雪夜月天，心境便尔澄澈；遇春风和气，意界亦自冲融。造化人心，混合无间。

漫天飞雪的夜晚，或是明月当空的时候，心境会随着环境的变化而变得十分澄净清澈；遇到春风拂面、气候回暖的时候，人意念的境界也会跟着自然通达，彼此消融。天地之间的造化和人心的交汇，只要是联系在一起之后就没有区别了。

世间万物都蕴含着非常强大的生机，天人合一，人与大自然之间气息同步的话，才能得到长远的发展。孟子认为环境改变气度，奉养改变气质。他的意思就是要提醒人们，无论做什么，是修身还是养性，都要在一定的环境中进行，脱离了周围的环境是不可能达到预设的目的的。特别是普通人，在生离死别的场所里，还怎么能要求人们表现得很淡定，或是用意念来控制自己要求像得道之人一般呢？这实在太难了。这也是为什么从古至今那样多的文人墨客喜欢伤春悲秋，前提就是春天或是秋天让他们身处其中有了自己独特的感受。春天的生机勃勃、秋天的秋风肃杀，生命的开始和结束都会给他们带来不同的体验。还有人们喜欢白雪，总在歌颂白雪的洁白和纯洁，而他们也会厌恶炎夏。这种喜好更多地表达了诗人的一种个性和愿望，他们对自己所处在的环境中的各种事物进行选择，挑出那些与人的个性、节操等有关联、有相似点的事物来比喻人，这本身就是天人合一、人与自然相融合的一种表现。身边茁壮成长的禾苗，在阳光雨露下成长，江河湖海的聚集却要依靠各条涓涓细流。人性同样也是如此，在人自身和环境的因素之下得以发展。

以我转物，不止一端

以我转物者，得固不喜，失亦不忧，大地尽属逍遥；以物役我者，逆固生憎，顺亦生爱，一毫便生缠缚。

译 文

自己可以支配和掌握的事情，即便是成功了也不会大喜，失败了也不会大忧，于是就在天地间逍遥做人，毫无牵绊，毫无挂念；而那些为外在事物所奴役的事情，一旦不顺心的话就会感觉很是苦恼，顺利的时候又会忌妒兴奋，有时候哪怕就是一丝一毫的变化都会感觉自己被束缚住了。

解 析

孟子提出过，孔子是个圣之时者，若能在朝为官则入仕为官从政，要是不适合在朝为官的话就出仕隐退；要是能在某一个地方久待就在一个地方久待，若是待不住的话就会很快换地方。

孔子一直都很推崇管仲。管仲所生活的年代，齐襄公无道，公子小白和公子纠两人当时都逃亡在国外。后来小白抢在了纠前面回到了齐国，登上了国君的宝位，随后不久小白就领兵去逼死了公子纠，小白即位后就是历史上非常著名的齐桓公。起初管仲一直都是公子纠的老师和臣子，小白杀了公子纠以后，管仲并没有自杀殉主，反倒在鲍叔牙的引荐下成了齐桓公身边最有名的宰相。在他的协助下，齐桓公治理下的齐国很是井井有条。齐桓公和管仲二人在治理国家中重行大道，重视仁的作用，简单来说就是要富国利民。孔子本人也是在践行自己所推崇的这一条原则的。曾经打算在费地谋反的公山拂曾经去找过孔子，希望孔子能够助他一臂之力，孔子答应前往，只因他认为在那里可以推行他所崇尚的周文王、周武王的治国之道，也就是推行仁义之说。孟子认为孔子是圣之时者，实际上就是说孔子是个始终坚持自己的理想并加以贯彻的人，他根据实际情况的变化来决定究竟是要入朝为官还是退隐山林，而且可久可速。

人我合一，动静两忘

喜寂厌喧者，往往避人以求静。不知意在无人，便成我相，心着于静，便是动根，如何到得人我一视、动静两忘的境界？

译文

喜好寂静而不喜喧闹的人为了求静常常躲避开喧闹的人群。他们不曾知道执意这么做的原因只在于对自我的执着，刻意去追求宁静不过是因为自己内心骚动而造成的，这般情况下又如何能做到自己和他人融为一体、动静两相忘呢？

解析

庄子说："人要是能顺应自然，随心浮游于世，那又怎么不能逍遥于天地之间呢？人若是不能随心浮游于世，还怎么能自得其乐呢？那些不知真知、不知大德的人才会流连缠绵于世间的外物，才会始终不渝地坚定弃世孤高的行为。在世俗中沉溺却不幡然悔悟，总是对于外物充满了欲望，却从来不曾反省自己，这种人不论是一时为君，还是一时为臣，都会因为世事变化而发生地位上的转变，所有的一切都只不过是一时的地位和名利罢了。通常情况下，道德情操高尚的君子不会让自己停留在这样无意义的人生旅途上。只有那些未能通达事理的人才会不由分说地就崇尚古代鄙薄当今，这其实是一种很虚伪的观点，事实上眼前的事实仔细观察，又怎么会不在心中激起波澜呢？修养很好、道德高尚的人才能在世俗之间生存却总不出现邪僻，貌似跟随众人却保持着自己的真性情。只崇尚古代，不在乎现在的方式实在不值得推崇，若是与其意见相左倒也不必就为此与其争论不休。"

庄子的这段话说到了一点，要做到身心安宁的唯一前提就是先要抛弃自我，而后保持动静不二的主观思想。

人人平等，因材施教

人之短处，要曲为弥缝，如暴而扬之，是以短攻短；人有顽固，要善为化诲，如忿而疾之，是以顽济顽。

看到他人的短处时，要婉转地提醒人家，尽可能去弥补，要是故意去暴露人家的缺陷，还大肆宣扬的话，那无疑是在用自己的短处来暴露和攻击他人的短处；发现他人很执拗的时候，要善于循循善诱，谆谆教诲，要是因此而愤怒、生气，并因此厌恶对方的话，那无疑是在用自己的顽固来强化对方的顽固。

解 析

我国古代最知名和最伟大的教育家孔子认为，在教育面前是不分对象的。孔子认为官宦子弟和普通人家的子弟一样，都要接受教育，不论是南方人还是北方人也都要接受教育，不论年老或是年幼，教育对他们而言都是非常必要的。对所有人都要一视同仁，凡人都要有接受教育的权利。事实上在两千多年前，孔子能够提出如此深刻的看法实属不易，在阶级社会里，孔子能够不分阶级、不分对象地提出自己的教育理念，也足以见得他教育思想中很重要的民主特性。

因人施教是孔子教育思想中最基础的一个理念，在自己的教育过程中他也是切实地在践行自己的思想。譬如孔子就很重视培养平常不善言辞的冉雍的语言表达能力，要求其平时多多锻炼自己的口才；子路好武，孔子对其的教育便是提醒其保持冷静；而对生性很是急躁的司马牛，孔子的要求是使其说话稳重。这种因人施教的做法即便在今天也是很有启示意义的。

人心之体，俱无障塞

　　霁日青天，倏变为迅雷震电；疾风怒雨，倏转为朗月晴空。气机何尝有一毫凝滞？太虚何尝有一毫障塞？人心之体，亦当如是。

　　万里晴空的天气，一时间骤变为雷电交加或倾盆大雨；暴风骤雨之下的天气，转瞬之间也可能转为朗朗晴空，或是明月当空。气象万千的自然界何曾有过一时一刻的停滞呢？宇宙间的变化何尝遇到过一点点阻碍呢？自然界如此，人的心性也应当是如此，不能因外力的障碍而停止自己的变化。

解析

　　孟子与淳于充曾经有一段非常有趣的问答。淳于充问孟子说："礼法是不是规定男女授受不亲？"孟子回答说："礼法是这么规定的。"淳于充接着再问："假设一下某个人的嫂嫂掉到了水里去，你说他会不会伸手去拉她？"孟子说："假如自己的嫂子掉进水里去了的话，要是不去拉人家一把，救她的话，那实在是没有人性啊，就是豺狼。固然礼法上来讲男女授受不亲，嫂子掉进水里用手去拉的话，这多多少少是个变通的办法。"凡事都要有度，行事都要适度。大千世界形形色色，万事万物都没有个定数，很多度数都很难确定，所以世间万事都不能只是一种标准，要灵活应对才行，凡事要以不变应万变，依照具体情况而为，具体问题具体分析。灵活变通的人才不至于被人看成迂腐之人。

高低贵贱，自适其性

峨冠大带之士，一旦睹轻蓑小笠飘飘然逸也，未必不动其咨嗟；长筵广席之豪，一旦遇疏帘净几悠悠焉静也，未必不增其绻恋。人奈何驱以火牛，诱以风马，而不思自适其性哉？

身着官服的达官贵人，只要看到身穿着粗布麻衣的老百姓的时候，看着他们飘然闲逸的生活，心中未必不会产生一些很失落的感受；生活奢靡宴席不断的贵族，只要是看到窗明几净的普通人家，看起来很是悠然闲适的样子，未必就一点羡慕之情都没有。为什么世上的人要水火相争，还要违背人之常情来追求世俗名利呢，何不好好地顺应自己的自然状态来过着清淡的生活？

解析

道德品质很高的君子总是从本性出发，顺应自然规律生活，哪怕是生活再清贫，但是因为人格高尚陋室中也会有芬芳。《庄子·缮性》中有一段非常经典的论断："古时候常有人说有些人是自得其乐，他们并不是指那些地位显赫、高官厚禄的人，这里所说的乐是出自内心自然畅快，而不是外在物质的增加。如今也有很多人说到要在生活当中快意自适，大多数都是以功名利禄作为标准。其实一个拥有荣华富贵的人，富贵压身，只不过是临时寄托的东西，就好比是外物附着在自己身上而已，不是出自于自然。外在附着于身上的事物；来了也不必去阻拦，走了更没必要去劝止。若是为了荣华富贵来放纵自我堕落，或者是因为害怕穷困潦倒而趋炎附势，这都是不可取的。无论是富贵还是穷苦，顺其自然就好，不必太去发愁。外在附着之物来到和离开时都不要感觉快意或沮丧，既然从这里来看有了快意不过也是在其中迷了真性。要是因为外物而丧失了自我，在世俗中丧失了本性，这其实就是本末倒置。"

鱼游鸟飞，心静自在

鱼得水游，而相忘乎水；鸟乘风飞，而不知有风。识此可以超物累，可以乐天机。

鱼儿在水中自由自在地游动，却忘记了是有了水才有了这样的自由；鸟儿在天空中自由飞翔，却忘记了是有了风才有了这样的自由。要是知道了这个道理，就可以摆脱外物的束缚，就可以尽情地享受自然的趣味。

孔子曾指出，没有权力地位时候的君子都会因为自我修身养性而感到快乐，有了权力地位以后，快乐都是从办好政事当中获取的。中国古代的传统养身之道，其中最重要的原则就是要保持心静。古人认为排除了内心中的私心杂念以后，人就会超然于世俗之上，才会心如止水，无欲无求，心平气和。鱼在水中游，庄子看到了以后非常羡慕，忍不住说了一句："乐哉鱼也。"庄子为什么如此羡慕水中的鱼儿、天上的鸟儿呢？只因为它们非常逍遥自在。它们可以没有任何牵绊，除了基本生理要求满足了之外，再没有其他牵绊它们的情欲。人的一生活着是最基本的要求，如果仅仅是为了活着而活着，那这一辈子就没什么意义了。所以人生在世必须有追求、有理想，缺少了这些追求，人就会因此而苦恼。要知道但凡知足都是相对的，而不是绝对的，贪得无厌的人看起来都非常可怜，无止境地索取会让人变得虚妄，只有心静才能让自己不但看到外部的世界，更能体会自己心中内部的世界，不致故步自封、孤陋寡闻，所得到的快乐才会是真正的快乐。所以说，人生最基本的快乐都源于心静。

百年生死，何来强弱

狐眠败砌，兔走荒台，尽是当年歌舞之地；露冷黄花，烟迷衰草，悉属旧时争战之场。盛衰何常？强弱安在？念此令人心灰！

译 文

狐狸会在残垣断壁处搭窝，野兔会在荒废楼台里出没，想想这些地方如今如此萧条，当年却都是歌舞升平之处；寒露当中遍地黄花，烟雾弥漫中荒草摇曳，可曾知道这地方都曾经是英雄逐鹿的战场。兴衰成败怎能常在？强弱胜负力量比较又怎么能永恒呢？想想这个就会让人胆战心寒。

解 析

《列子·杨朱》中记载了杨朱的一段话，很有深意："万物生存的方式不同，但结果是一样的，都是死亡。生存是不同的，有贵贱之分，有贤愚之分，可是死了以后不论是谁都是腐败臭烂，这个没有本质上的区别。贫富贵贱和腐败臭烂都一样，绝非自愿自觉。生老病死、贫富贵贱都不是自己所能选。生命都有开始，也同样都有尽头，贫富贵贱也都是相对的，有时就会转化成另一种状态。十年的一生也是死，100 年的一生也是死。生命走到了尽头之后结局都是死。圣人也会死，愚笨的人也会死，结果都是一样，死了以后便是腐骨。大家死后都是腐骨，谁知道这其中还有什么不同呢？生前的事情都那么多，谁还有精力去管身后事？"

万事皆气，死生相属

权贵龙骧，英雄虎战，以冷眼视之，如蚁聚膻，如蝇竞血；是非蜂起，得失猬兴，以冷情当之，如冶化金，如汤消雪。

 译 文

有权有势的权贵之人往往有着如龙一般的气势，英雄豪杰都会像老虎一样骁勇善战，这些东西要是冷静地看待的话，不过也就像是聚在一起争食有膻味的羊肉的蚂蚁，或是争相吸血的苍蝇一样；人世间的是是非非很多，仿佛是乱蜂涌起，人世间的得失也很多，就好比是刺猬身上密集的刺，只要冷静地看待它们，就像是在炼炉里冶炼金属，雪水遇到热火一样融化，不过是一些简单的事情罢了。

解 析

《庄子·知北游》中提到："生和死两相附着，因为死而所以生，两者是个同类，那么它们的终点究竟是什么，有谁知道呢？人之生是气的聚合，生命由气而聚合，死亡就是气的散去。如果要说生和死都是同类的，那人们就不必恐惧死亡的到来。说到底，事物本质都是相同的。美好的事物都称之为神奇，腐朽的东西则称之为腐臭的东西，这是种太过绝对的观点。要知道腐臭的东西也可以转化为神奇，而神奇在某些时刻也能变成腐臭的东西。总的来说，'普天之下不过都是气罢了'。在圣人看来，正是因为万物皆气，因此万物同一。"

任其自然，自适于心

幽人清事，总在自适。故酒以不劝为饮，棋以不争为胜，笛以无腔为适，琴以无弦为高，会以不期约为真率，客以不迎送为坦夷。若一牵文泥迹，便落尘世苦海矣！

 译 文

通常只有追求很是高雅、情操很是清高的人才会因为顺应自然而获得自我闲适的感觉。君子在饮酒时从不劝酒，因为在他看来这才是快乐；下棋时绝不争强好胜，因为在他看来这最是高明；弹琴时最喜欢的便是信手拈来，因为在他看来这才是最高雅之事；与宾客会面来往最推崇的便是率真，因为在他看来这种方式最为自然轻松；对宾客迎来送往要求坦荡，因为他认为这才是最适合的方法。要是有了一系列繁杂的束缚，落入世俗的苦海当中就成为必然了。

解 析

陶渊明在自己的诗句中写道："结庐在人境，而无车马喧。问君何能尔，心远地自偏。采菊东篱下，悠然见南山。山气日夕佳，飞鸟相与还。此中有真意，欲辨已忘言。"这些诗句后世都十分推崇，只因为像陶渊明这样一个充满了智慧且修养很高的人，在田园之间，一直保持心平气和、旷远超脱的心境，使得即便是山野之间的生活也会让他们感觉怡然自得。如此放松的君子们自然不会为世俗所动，绝不会为世俗的繁文缛节所束缚，当然会和世俗之人在本质上有很大区别。做人贵在自然，那么多的世俗约束只会造成庸人自扰，对于自我修养没有太多的贡献。既然如此，不如摆脱了外形方面的世俗奴役，好好在山野之间陶冶自己的情操，忘却世间和空间，在大自然的怀抱当中融化自己，顺应自己的本性去生活，为自己而活才是真义。归园田居的陶渊明曾经抚无弦的琴，陶醉于自己的音乐和山水之间，吟诵着"要知琴中趣，何弄弦上音"，这便是他与大自然融为一体的做法。

做人任由自然，浮游于世，便是顺应本性而生活才会自适。

观心增障，齐物剖同

心无其心，何有于观。释氏曰："观心者，重增其障。物本一物，何待于齐？"庄生曰："齐物者，自剖其同。"

译 文

一个人若无任何私心杂念的话，还需要其他人去为其操心吗？佛家认为："所谓观心，不过是增加其修道路上的障碍罢了。世间万物本是一体的，又何苦去苛求所有事物都要看起来整齐划一呢？"庄子也说过："所谓那种要让外物和自己看起来整齐划一，其实质是在剖分那些原本一体的东西。"

解 析

曾有僧人向希运禅师问道："佛为何？"希运禅师回答："现在你的心就是佛，佛就在你的心中。两者是一体的，所以说心佛是统一的。要是心离开了佛，则再无佛。"可见，世间万物本也是融为一体的。临济和尚也曾经说过："有一位无位真人藏在每个人的肉体当中，平时在大家的眼、耳、鼻、舌、意中任意地出出入入，从而表现出来，这就是平常所说的自己的所见、所听和所思，都是外在的表现。假使还没感应到这存在的话，那就请从现在开始好好去体会一下它的存在。"说到这里时，有一个和尚突然问了这么个问题："师父说的无位真人究竟是什么？"突然间临济和尚跳下了自己的禅床，一把抓住了那个提问和尚的胸口说："你说呢，你说呢？"这和尚还没说什么，临济和尚已经把他一把推进了屋子里。上文临济和尚所说的无位真人不过就是"无相的自己"，也就是和自我合为一体。

八月

心互敬，行互爱——家庭和睦葆初心

古人形容夫妻彼此恭敬自爱的情形时，有个很经典的成语，那便是举案齐眉。在家庭生活当中，不单是夫妻之间，父母、子女或是兄弟姐妹之间也要相亲相爱，和睦持家才是寻常人家的安乐。

和睦治家，胜于自省

家庭有个真佛，日用有种真道，人能诚心和气，愉色婉言，使父母兄弟间形骸两释、意气交流，胜于调息观心万倍矣！

每个普通的家庭必须有一个真正的信仰，就好比是每个人的普通生活中都要遵循一定的真理原则一般，人与人之间的相处要和颜悦色且诚心相待，保持着很愉悦的表情，说着温柔的语言，这样的话即便是父母兄弟之间也会气氛和睦，友好相处，彼此之间没有隔阂，在意念和气概上相互了解，意气相投，这样做远比各种内省要强上千万倍。

一个家庭需要有一种很是真诚的信仰，一个人的行为举止也要有真理作为行为准则，这么做有利于保持每个人的纯真心性。在和睦友好的环境中家人才能相处愉快，举止温和，这是内心自我反省所不能达到的效果。

在儒家的学说当中，齐家、治国、平天下的原则几乎是一致的。一个国家的人民要是能齐心合力，众志成城，这个国家一定会崛起。俗话说的"众志成城则无惧"，就是这个道理。孟子有一次和滕文公会面时，滕文公问道："滕国夹在齐楚两个大国之间，不过是个很不起眼的小国，要是谁都不依附的话，滕国就很容易为他人所亡，先生你说我们该依附哪个国家呢？"孟子回答："你这个问题我实在不知道该如何回答。如果你硬要一个答案的话，我的回答是团结自己的百姓，加固国家的城墙，这就是最好的办法。大王不妨和自己的百姓一起来护卫自己的国家，要是大王能让百姓无论如何都舍不得离开自己的国家，那大王就胜了，依附谁都比不上这样做。"古来就有无数的贤人说过"家和万事兴"，凡事都要以"和为贵"，这都是千百年来古人的经验教训，这是历史的古训。

待人接物，如沐春风

家人有过，不宜暴怒，不宜轻弃。此事难言，借他事隐讽之；今日不悟，俟来日再警之。如春风解冻，如和气消冰，才是家庭的型范。

家人有了过错，不能不分青红皂白地大发雷霆，更不能轻易视而不见地放弃。有些难言之隐，就索性借用其他的事情婉转地向他人转达，来劝说他人；哪怕今天无法让对方幡然悔悟，那改天也可以继续提醒暗示他。处理家中诸事最佳的方式，就必须有一种是让人看起来像是春风消融大地、暖意融化冰雪一般的态度。

解析

《论语》中说：在听闻他人有了过错之后，绝对不能幸灾乐祸，而是要对其表示可怜和同情。《尚书》中也有相似的道理，书中曾说到法官一听说犯人的罪过以后，首先要涌起的是怜悯之心。

人非圣贤，孰能无过？谁的一生当中都会有过错，就譬如有人贪财，有人做事马虎，有人个性浮躁，有人怯懦等。一般来说这些个性上的小缺陷，在日常生活当中影响并不大，可是某些特定的情况下，这些过失就会犯下很大的过错。即便是不犯错误，这些人倘若知道了他人的过错，也会以此为笑谈。只有那些节操高雅的人，才会在这种情况下真正同情和怜悯对方。此两种人的差异就不仅仅是性格上的不足，而是人格的高低之别了。

从容处变，直面规友

处父兄骨肉之变，宜从容，不宜激烈；遇朋友交游之失，宜剀切，不宜优游。

在父母兄弟等至亲之间发生变故之时，切勿情绪暴躁，太过激烈，保持从容淡定才最佳；和朋友的交往过程中，若是遇上了朋友的过失，切勿保持模棱两可的态度，而是要直截了当地劝说对方。

解 析

朋友一旦有过失，别当作视而不见，一定要及时地、直接地指出对方的失误。要是总在担心批评对方会招来对方的厌恶而不加规劝的话，那最终的结果只会失去这个朋友。王安石就是以苏东坡的失误规劝他的。曾经在黄州目睹了黄花落尽的苏东坡，这时候才想起当年自己在看到王安石的《咏菊》一诗时，错改了当中的诗句，可是此刻他早已失去了向大师道歉的机会，只因自己早已无法进京。得知了这件事情以后，马太守想帮帮苏东坡，于是他把冬至节派官上朝进贺表的事交给了很想进京的苏东坡，包括其中的贺表也由苏东坡来执笔。有了这次难得的机会，苏东坡很是感激，又想起当年自己到黄州上任的时候，王安石曾经吩咐过自己要到瞿塘中峡取水之事。只是自己刚刚贬官到任的时候，心中多有不服，这事情拖了很长时间都没有办成，此时自己已经要进京了，先要把这件事情办好才能进京答复。苏东坡怕耽误时间，于是决定取水路进京，这样就可以顺便取中峡之水。一路走来，顺长江而下，苏东坡因为车途劳顿不知不觉就睡了过去，取中峡之水的事情居然就给忘了。苏东坡醒来时早已过了中峡，苏东坡立刻吩咐自己的下人掉转船头去取水，只不过逆水行舟没有他想象中的简单，取水之事困难很大。此时他偶遇一个老者，苏东坡急忙问他三峡哪一峡水好。老者说："三峡的长江水日夜不息地流着，何来好坏之分！"苏东坡一想："老者的话很有道理，那又何苦一定要到中峡取水呢？"于是就随便叫了个手下在下峡取了一瓮水，再回到黄州后拿上自己所写的进表连夜赶到了东京。见到王安石之后，苏东坡连忙对自己改诗之事道歉。王安石见状说："不知者无罪。"说完此事，王安石便问了问中峡之水的事情，苏东坡便让自己的手下拿来了自己带来的瓮。王安石立即下令让人取其水生火煮茶，只不过过了半晌茶色都未曾析出。王安石只能继续问："这个水是从哪来的呢？"东坡答："巫峡。"王安石说："那定是从中峡取来的水了。"东坡答："正是。"王安石笑着说："不用瞒老夫了，这水断不是中峡之水，而是三峡的下峡之水，为何要以此来欺骗老夫呢？"听了王安石的一番话后，苏东坡很是惊讶，突然想起自己在三峡取水时还问过当地的老者，老者告诉他三峡之水没有区别，正是这样他才取了下峡的水来滥竽充数。他惊恐万分，急忙问："不知老太师是如何评出来的呢？"王安石由此就跟他细细解释："上峡的水性太急，下峡的水流太缓，三峡中只有中峡的速度最是适宜。老夫因为患上了中脘变症，因此太医院的明医劝老夫要以中峡水引经，再用中峡水来煮阳羡茶。如果是用上峡水煮的话，势必味道过浓，要是用下峡水煮的话，一定味道偏淡，只有中峡水煮出来的茶才会浓淡相宜。如今这么长时间过去了，还未见茶色，可知这水定是下峡水。"苏东坡听完王安石的解释以后心悦诚服，只好离席谢罪。王安石并没有怪罪他的意思，只不过告诉了他这是因为他自己自作聪明而导致的疏忽罢了。

天地父母，内在乾坤

吾身一小天地也，使喜怒不愆，好恶有则，便是燮理的功夫；天地一大父母也，使民无怨咨，物无氛疹，亦是敦睦的气象。

译 文

人的身体就像一个缩小的天地一般，若要和天地一般调和自己内在的平衡的话，首先要让自己喜怒有度，不因此而有过错，还要让自己的好恶遵守一定的法度；天地仿佛是万物的父母一般，要呈现和睦之气的话，定要让世间万物再无怨恨，也再无灾害。

解 析

古人习惯说天人合一，这其中就是将人体内的运行用自然万物和气象变化来比喻。譬如天地间的四季流转，以及风雨气象的变化，因此孕育了世间万物。在人体内部也有类似的情况，天地有四季，人有喜、怒、哀、乐四种情绪的变化，也因为这种变化而产生了人与人之间个性的不同。要是天地间的风雨气象变化不够和睦的话，那么它所孕育出来的生命也不会完美。同样的情况下，人倘若无法控制自己喜、怒、哀、乐四种情绪的变化，不论是易怒还是狂喜，都不利于自我修炼。所以说，从自然的变化中可以反思自己。只不过人与天地之间的区别在于，天地间总是变化无常，而人的自我修行环境是可以由个人所掌握和控制的。

冷眼旁观，冷静思维

冷眼观人，冷耳听语，冷情当感，冷心思理。

用冷静的眼光来观察他人，用冷静的耳朵去听取他人的意见，再用冷静的情感来引导自己的意识，用冷静的思维来思索所有的问题。

古人的修身之道最主要的观点就是"忍"和"恕"，这些修身的关键词都和"冷"这个词紧紧地联系在一起，只有用冷静的视角和思维去思考这些事物才能做到心静，才能做到俗话说的"万物静观皆自得"。生活当中，热情似火的态度会给人生机勃勃的感受，并含着无限温暖。固然热情的态度会有很多优点，但在实际工作和生活当中，冷静的思维更有利于做出客观公正的判断。待人之道最成熟的态度应当是冷眼旁观，现实本身是客观的，要是感情用事就容易犯错，要理清楚每一件事的前后顺序，让事情有条不紊地进行，就要以冷静的思维作为指导。其实，客观观人或是客观观事对很多人来说都是件有一定难度的事情，需要耗费很长的时间去预先了解。孔子就主张"视其所以，观其所由，察其所安"，要是缺少一种很冷静的心态的话，是无法做到孔子的主张的，理智的思维也很难因此树立。

多疑招祸，少事为好

福莫福于少事，祸莫祸于多心。惟苦事者，方知少事之为福；惟平心者，始知多心之为祸。

人生无所牵绊，无所牵挂，便是此生最大的幸福，而最大的灾祸一定是源于猜忌和内心的多疑。日日在辛苦忙碌的人，才知道无事一身轻的人才是最大的福气；只有心平气静的人，才真正明白祸害都是多心多疑所造成的。

解 析

古话说"大智若愚，大巧似拙"，有为之人要切记这一点，在烦琐的事务面前，心平气和，就不会为闲言碎语所烦扰，境界的修为才会跟上。平常人的生活期望不过是一生平平安安，无事无祸端即可。那究竟怎么样才能做到无事缠身呢？那就必须先知道有事多是心中多疑多虑所致，因为多虑所以多事，多疑才会招来祸害。人们常说"疑心生暗鬼"，疑心会坏事，这个道理很多人都知道。所以必须是君子所为，才会心地坦荡，光明磊落，真就是古人常说的"君子坦荡荡，小人长戚戚"，光明坦荡的人在面对所有事情时自当俯仰无愧，用不着总在怀疑自己的言行是否为其他人所不屑。平时碌碌无为的人只会被各种闲事、琐事所缠绕，成天为了争权夺利的事情而忙忙碌碌，操劳奔波，还要在他人的闲言碎语中费心地猜忌，这样的人是根本达不到君子怡然自得的境界的。

崇俭为富，守拙存真

奢者富而不足，何如俭者贫而有余？能者劳而俯怨，何如拙者逸而全真？

 译 文

生活极尽奢靡的人总是贪得无厌，哪怕再多的财富他也不觉得满足，他们怎么能比得上那些因为贫穷而节俭并有所盈余的人呢？能者往往多劳却会因此招来众多的积怨，他们怎么比得上那些生来就笨手笨脚的只求安逸却始终保持自我纯真本性的人呢？

解 析

事物的存在都是相对的，如果总用绝对的眼光去观察事物的话，就会落入绝对的窠臼当中，而把自己的视角固定化，无法灵活看待事物的变化和发展。现代生活中，钱是每个人生活中必需的，谁都无法离开钱生活，若是把钱作为自我追求的尽头的话，就已经走向了极端，把钱看得太过绝对了。拥有很多钱财的人，容易挥霍钱财，坐吃山空，表面上很多人看着他感觉很是快乐，可是对他们而言贪得无厌才是生活的全部主题，对他们来说，欲望就仿佛是永远填不满的沟壑。相比之下，那些生活并不是太富裕的人，没有太过分的欲望，只是希望平静地过日子，拥有如此知足的生活态度，自然会过得快乐许多。其实生活并不难，知道知足就好；工作也不难，讲究方法就好。事必躬亲绝不是工作的正确态度，不能因为想到自己能者多劳，就凡事都揽到自己头上，这样不但做不好事情，结果还会招来很多人的积怨。可是那些并没有太多才能的人，做的是自己力所能及的事情，身边的其他人也不至于感觉受到他的压迫，无所适从，每个人都能在工作中各尽其能，这样自然就不会有他人对此表示不满。普通人如此，若是管理者就更应该明白这个道理。管理者更要明白：一个组织的运行不能单靠自己，而要所有人的配合才能凸显所有人的才能，才能盘活整个组织。

寻常素位，安乐所归

有一乐境界，就有一不乐的相对待；有一好光景，就有一不好的相乘除。只是寻常家饭，素位风光，才是个安乐的窝巢。

世间万物都是相反相生的，有安乐境界就一定有个安乐的反面——不安乐的境界；有一处美景，也就一定有不美好的景色存在。只不过世间如此多绚烂景致当中，唯有家常便饭和那些淳朴自然的寻常景致，才会是安乐的最终归属。

看待一切事物都要带着辩证的目光，这才不容易误入歧途。凡事要是过了度的话，所看到的本质就不是事物的本真了，因为事物都是彼此相生的，过了度以后就会走入极端，走到事物的反面，就像是苦与乐、利与害、高与下都是相形相生的。一个无忧无虑生活的人，在他人眼里是幸福的，可有谁知道他内心的痛苦呢？或许他时时都充满了忧虑与矛盾呢？所以说幸福和快乐在所有人身上都是相对的概念。只有经历了大风大浪的人才真正领略过风平浪静的美好，只有度过了痛苦的人才会明白快乐的真正含义。要体会到生活的充实和洒脱，就争取做一个平凡的人吧，争取让自己从世俗的扰乱中走出来。

循序进，忌曝寒——齐家教子有耐心

家庭关系的处理中，很重要的一点就是教育子弟。我们对于下一代的教育势必要懂得循循善诱，用最宽厚本真的方式来对待他们。让孩子顺自然天性发展，明确善恶观念，切勿揠苗助长，适得其反。

循循善诱，谨慎交友

教弟子如养闺女，最要严出入、谨交游。若一接近匪人，是清净田中下一不净的种子，便终身难植嘉禾矣！

译 文

教育自家的子弟和培养闺中的女子一般，生活起居、出入家门都要严格要求，与人交往也要注意谨慎才行。要是有一天突然交上了行为不良的朋友的话，那就好似是一块原本很是清净肥沃的土地里种下了不良的种子，从此后再也不会有好的长势和收成。

解 析

孔子提出，小时候养成的习惯和品性就好比是天性一般，根本别提那些已经长期养成的习惯了，更像是出自于自然。很多人的性情和本质最初相差无几，只是后天生活的环境不同，或是因为习惯不同而产生了差异。从这个角度来说的话，一个人后天生活在什么样的环境当中、养成了什么样的习惯很是重要，不同的习惯会让不同的人个性相去甚远，所以要对自己的习惯保持谨慎的态度。孟母教子的故事，足以说明这方面的问题。孟子的母亲自小在培养儿子方面就很有自己的主张，她知道如何培养人的道德学问，于是从小她就很是重视孟子在生活上和学习上的细节，尽量通过"渐化"的方式来循序渐进地培养自己的儿子。也就因为如此，才有了历史上著名的"孟母三迁"的故事。最初孟子一家所住的地方离公墓很近，孟子小时候常常看到送葬的场景，看着看着也开始模仿起来，就在沙地上自己埋棺筑墓。孟母见到了这副场景之后，很是担心这样的居住环境会对孟子产生负面的影响，于是决定搬迁。第一次搬家搬到了一个小集镇附近，这个集市很是热闹，孟子每天都会看到许多小摊小贩，一段时间后孟子又开始模仿他们叫卖吆喝，孟母见到了以后又动了搬迁的念头。这一次她把家安在了一所学校附近，孟子天天看到上学的孩子们玩游戏，而且还在学校附近看到很多人在摆弄俎豆祭器以及学习揖让进退的礼仪，孟母这才安下心来，放心地住了下来。

在这里孟子开始发奋学习，最终成了儒家著名的代表人物。

宽厚催生，狭隘肃杀

念头宽厚的，如春风煦育，万物遭之而生；念头忌刻的，如朔雪阴凝，万物遭之而死。

译 文

胸怀宽大的人好比是温暖和煦的春风一般，拂过万物就会让它们生机勃勃；而心胸狭窄的人，就好比是严冬的冰雪一般，可以压倒万物让其枯萎凋谢。

解 析

孔子曾经提出，人有五德，指的是恭、宽、信、敏、惠，而宽是其中最重要的。胸怀宽大的人，不论是谁见到都会很是敬重和爱戴。若是从政时宽宏大量的话，就能发现更多有才能和有智慧的人，挖掘他们为国家贡献自己的力量。可想，要是没有宽容的气量的话，小到为人，大到为政，都会受到重大的影响。

《汉书·班固传》中记录了很多班固为人宽和容众的故事。班固一向为众人所推崇，只因他从不恃才傲物，待人很是宽和。一个从政者能够宽容的话，就会得人心，在他手下做事的人也都心甘情愿为其卖命。《吕氏春秋·爱士篇》也记载过这样一个故事：有一次，秦穆公不慎丢了一匹为其拉车的马。秦穆公很是着急，于是四处寻找，只可惜找到的时候已然是他人锅里的美味佳肴了。秦穆公见到以后，很是伤心，不过对这些正在吃马肉的人说："这么吃马肉如果没有酒的话就实在太可惜了。"他随即给在场的每一个人都端上了一大碗酒，大家兴高采烈地吃起了马肉，喝着酒。一年以后，秦晋两国在韩原交战。其间秦穆公不慎为刺枪所刺中，除此外晋军还抓住了秦穆公。眼看着秦穆公就要被俘虏，突然间闯出了三百多人，拼死从晋军的枪下把秦穆公救了下来，而这三百多人正是当年同秦穆公一同喝酒吃马肉的人。他们为了感激秦穆公奋力与晋军殊死搏斗，最终让秦国反败为胜。

勿以善小而不为

为善不见其益，如草里冬瓜，自应暗长；为恶不见其损，如庭前春雪，当必潜消。

译文

做了善事不要总是盯着它能给自己带来什么好处，要知道这好处不是一下子就出现的，而是如同在草地上慢慢长起来的冬瓜一般，不知不觉中就长大了；做了坏事，它的坏处兴许也不是一下子就出现了，它也会同庭院前积着的雪一般，到了春天只要温度升高的话，就会一点点消融，而坏处也会一点点偷偷地显现。

解析

孔子说过，仁是很高的道德要求，因为要达到仁这个目标需要走很长一段路，不过如果能时时刻刻提醒自己在生活中实践仁的做法的话，也很快就可以达到仁这一目标。简单说，要成仁还在自己。要堆土成山的话，少了最后一筐土，前面所有的努力就全都白费了，这失败是自己不努力、不坚持造成的。这一筐土要是倒上去之后就成了山，这成功也是自己的努力换来的。所以说，仁是自身实践一点点积累而得到的。勿以善小而不为，平时从小善事做起，一点点累积，这都是仁的表现。

天性伦常，非市道也

父慈子孝，兄友弟恭，纵做到极处，俱是合当如此，着不得一丝感激的念头。如施者任德，受者怀恩，便是路人，便成市道矣。

译文

父母对子女表现慈爱，子女对父母孝顺，兄弟之间彼此敬重友爱，很多事情花心思做到了极致也应该是这个样子，在这种情况下用不着彼此之间对对方抱着多大的感激之情。如果施行仁德的人就自诩为恩人，而那些接受了恩惠的人还要抱着知恩图报的念头的话，那彼此之间一定不是亲友的关系，只不过把对方都当成是陌生的过路人罢了，即便是父母兄弟之间的亲情也会成了集市上的交易关系了。

解析

尽孝道以敬易，要是用最本真的爱来尽孝的话就没那么容易了。也就是说，仁德尽孝，对待家人、族人都要亲善，可真正要忘记名利之心，纯粹地做到这一点就太不容易了。感情是不索求回报的，如果将对人之恩情都视为需回报之物的话，那感情就不够纯粹真诚了。所以说，古代的贤人像是尧舜之辈，他们为天下人、为后世者施行恩德，却不为天下人所知，也不求为天下人所知，这不就是纯粹的情感和恩情吗？所谓的忠孝仁义，首先就是要内心真诚地面对他人，面对自己所付出的人，而不求任何回报，不将人与人之间的关系视为交易，此为大道。

家庭人伦之爱，在中国古代几千年来都在为人称颂，也成了几千年来维系社会的一个最重要的关系。而这种关系和金钱、权力是没有关系的，是名利、声誉所换不来的，更没有德行和恩惠的念头掺杂其中，这种关系是所有关系中最纯净的一种关系。

和气祥瑞，寸心洁白

一念慈祥，可以酝酿两间和气；寸心洁白，可以昭垂百代清芬。

译文

心中有慈祥的想法，天地之间就会从此充满平和的气息；心地纯净洁白的人，美名就会传扬千年，也会因此永垂不朽。

解析

元代著名诗人王冕在自己的《墨梅》一诗中写道："不要人夸颜色好，只留清气满乾坤。"古往今来有多少诗人借物咏志，有多少诗句是用来咏怀言志的。俗话说"豹死留皮，人死留名"，可见不论是古代人还是现代人，自我名誉的爱惜程度都很高。东汉时期王密曾任昌邑令，有一次王密想贿赂杨震，于是趁着半夜时分怀抱着重金到了杨震家中，准备贿赂。王密对杨震说："暮夜无知者。"杨振听完以后回答说："天知、地知、我知、你知，何谓无知？"因为如此，杨震断然拒绝了王密的重金，由此维护了自己的名誉。从那以后"震畏四知"一词就开始流行。维护自身的名誉要从日常的小事做起，要克己奉公，时时提醒自己与人为善，处事勿贪，这才能真正做到美名传天下。

人们心目中的理想状态是"和气祥瑞，寸心洁白"，要达到如此高的境界应该怎么做呢？列子和关尹曾有一段话或许能说明这个问题。有一天列子问关尹："道德品质至高无上的人在外物中潜行却未有一点障碍，在火中行走却没感觉到灼热感，在很高的地方行走却一点没感觉到害怕，是什么原因让他们能做到如此无畏无惧呢？"关尹回答："答案很简单，只因为他们心中的和气，这气同智慧、果断、勇敢的关系不大。让我好好为你解释一下，所谓物，世上有形象、有色彩、有声音的都可以叫作物，可是为何彼此之间有那么大的差异呢？最主要的差异在什么地方呢？很显然是外在的形态和颜色等。试想一下，要是有一种物体无色无味、无声无形的话，那又怎么能判断它呢，又怎么和其他事物进行区分呢？这样的物就会处在不过分的地位，始终在无止尽的循环当中，漫游于起点和终点之间。这放在人身上的话，就是保持了和气之人，他们的行动来自于自然，合乎自然，与天地之间万事万物的天然形态彼此相通。如此天性，外物怎能伤得了他呢？"

少小不努力，老大徒伤悲

子弟者，大人之胚胎；秀才者，士大夫之胚胎。此时若火力不到，陶铸不纯，他日涉世立朝，终难成个令器。

译 文

孩子是大人的发端；而要成为士大夫就要先是秀才。锻造金属器具的炉火要是火力不足的话，锻造出来的陶铸纯度就不高，为人也是如此，要是没有经过良好的锻造的话，他日走上仕途，也很难成大气候。

中国古代历来对于幼教很是重视。东汉时期的著名儒学家桓荣，年轻时就拜在朱普门下开始学习《尚书》等。后来在光武帝时期被提任为议郎，主要的任务是给太子传授儒学经典。后来桓荣就荣升为太学博士，那时候光武帝常常到太学去视察他的工作。光武帝视察期间，最经常做的一件事情就是让各位太学博士各自阐述自己的观点，彼此持不同观点的人还可以相互提问和彼此辩论。在多次辩论当中，桓荣的表现都很是彬彬有礼，从不与人争吵，遇到观点相悖的时候能够以理服人，光武帝见了他的态度之后非常赏识他的做法。为此光武帝不但让其继续作为太子少傅，还赏赐了辎车乘马给他。获得众多殊荣的桓荣在太学的学生们面前，手指着光武帝所赏赐的车马官印绶带说："大家看到了吗，我身上的所有东西都是因为努力学习钻研古代历史的结果，大家还不好好学习吗？"

清淡长久，大器晚成

桃李虽艳，何如松苍柏翠之坚贞？梨杏虽甘，何如橙黄橘绿之馨冽？信乎，浓夭不及淡久，早秀不如晚成也。

译 文

桃花梨花虽然艳丽，哪能比得上松柏的苍翠和坚贞呢？梨子和杏虽然甘甜，哪比得上橙子和橘子所散发出来的果香呢？事实如此，清香虽比不上浓烈之香，但更为持久，因此说少年成器不如大器晚成。

孔子说："真正最难得的是，花了数年的工夫勤学苦练却不为升官发财的人。"清代的刘宝楠却不这么认为，他的看法则与孔子不同。当时的《周礼》中规定的官府人才选拔制度是三年一选，那些不满足于为小官的人，可以读满九年书，再入朝为官成大器。孔子认为读书人大多数都"急于仕进，志有利禄，鲜（少）有不安小成者"，这才提到鲜有人能读书不为官，实在太过难得。至于古语中提到的"早秀不如晚成"的说法，正确的解释是少年得志之人通常都会恃才傲物，很快就会因为自我吹嘘而毫无长进，相反，那些大器晚成之人因为历经沧桑，经历过众多的痛苦经历才获得成功，才更能够守住成功。

内贤外王，生民立命

不昧己心，不尽人情，不竭物力。三者可以为天地立心，为生民立命，为子孙造福。

不让自己的良心泯灭，不让人之常情违背，不让各种物力浪费。做到这三点就可以在天地万物之间立下善良之心，为民众立下命脉，造福子孙后代。

为人做事由良心出发，待人处事要近人情，不暴殄天物，这三件事是人生在世最重要的三件事，做到了这三件事也就可以真正称得上是个善良之人，同时可以为子孙后代造福。

孔子说过："天下大乱之时便无法挽救，若是天下大治，现实也就不需要有人改革了。像我们一样的人追求无法实现的事业，在我看来就要如隐士所说的那样，明知其成功不了，或是难度很大，却依旧前行，一定要实现其追求。"《后出师表》写道："不兴师伐魏，汉朝必亡；兴师伐魏，敌强我弱，也难救其不亡。"与其在等待汉朝灭亡，不如拼死一搏，尽力去伐魏。足以见得，诸葛亮当时已经看到靠蜀汉的力量要光复汉室难度已经非常大，因为光复汉室先要做的一件事就是伐灭曹魏。因此从离开隆中起，诸葛亮就开始思考如何伐魏。不管是夺荆州，定西蜀，还是与东吴联盟，他的一生都在为了自己所追求的事业而奋斗，可以说是鞠躬尽瘁，死而后已。在中国古代的士大夫阶层中，追求知其不可而为之的奋斗精神是劝慰人们成就一番事业的必经考验。即便事未成，至少可以成人。古圣先贤曾有句名言："内圣外王。"可见，事业上要有所作为的人，最基本的自我提升方式就是提升自我修养。

顺逆相对，何喜何忧

子生而母危，镪积而盗窥，何喜非忧也？贫可以节用，病可以保身，何忧非喜也？故达人当顺逆一视，而欣戚两忘。

译文

母亲在生孩子的时候都是冒着生命危险，金银钱财一旦累积得多了就担心贼惦记，这究竟是喜还是忧呢？人们在贫穷时可以节俭用度，在得病时可以仔细保养身体，能说这是坏事不是好事吗？所以一般心态豁达的人不论是在顺境之中还是逆境之中，无论是好事还是坏事都会一视同仁，不管是欣喜还是悲戚都会两相忘。

解析

人死了以后，谁会知道自己的本性保持得完好还是已然损坏了呢？真正明白的只有在临死之前，心中丝毫没有杂念，坦然地面对死亡，那才是真性所在。大千世界，无限的时空，有生也就一定有毁灭，那么不论是谁，生前就要在世界上活出生命的价值。

冬　修身养性篇

古代君子注重个人修养是众所周知的。在他们眼中，天人合一，只有个人遵循自然发展规律，才能得心性，超脱于世俗之上，浮游于天地之间。修身养性，儒、道、释三家的观点不尽相同，但总体而言，本质上却有诸多相通之处，简单说便是宽容待人、求存真性。

学人贤，省己过——养性育德存真心

孔子说过："吾日三省吾身。"可见，修身养性最重一个"省"字。自省可知自己从前的功过，可知自己的不足，可知如何淡泊名利、从善如流。善于自省的人，才知道如何见贤思齐，并以此推己及人。

功者忌矜，过者思悔

盖世功劳，当不得一个矜字；弥天罪过，当不得一个悔字。

译 文

一个功名显著的人，一定不要恃功自傲才是，要是自以为是、刚愎自用的话，总有一天功劳也会为人所遗忘；一个犯下了弥天大罪的人，一定要知道悔改才是，只要能够诚心悔过，还是可以挽回从前的过失的。

解 析

人贵在有自知之明，看到了最适合自己的位置之后，才能再求上进，提升自我修养。那些曾经为国家或是人民立下了汗马功劳，且为天下人所敬仰的大英雄，要是总是沉浸在自己的功劳之中，躺在功劳簿上为自己邀功的话，最后的结果只会是不思进取，自高自大，毁了自己。从古至今人们都知道一个道理，那就是"骄傲使人落后，虚心使人进步"。太过骄傲会让人难以进步，甚至招来不必要的祸害。无论是谁，立下了卓越的功勋绝非一人功劳所能达到的，一定是无数人一起努力和奋斗的结果。这么大的功劳一个人独占，那就说明此人道德水准并不高。此外功劳过去了就成了历史，它不代表一个人的现在和未来，总是拿功劳说事儿，难免有种邀功的倾向。说来说去，成就了功名的人要切记"矜"字。再来说说已经犯下了弥天大罪的人，这些人也不是一旦犯错就一文不值。只要能诚心悔过，罪孽总有一天也会消除，能够重新做人。一个人为善还是为恶的选择，往往都在于一念之间，一念为善，一念为恶，一点点细微的选择差异就会造成结果的迥然不同，选择善就会上天堂，选择恶就会下地狱。所以不论如何都要端正自己的念头，即使做了善事也不要居功自傲，做了坏事也不要自暴自弃，一定要及时悔过。

苦尽甘来，乐极生悲

苦心中，常得悦心之趣；得意时，便生失意之悲。

在艰难困苦的时候，常常会因为获得成功而心生喜悦；顺心得意的时候，因为要面对巅峰之后的低谷，难免会心生悲伤。

解 析

事情都是在变化发展过程中的，每一时每一刻都在变化当中，好事会变成坏事，坏事会转化为好事，凡事都不是绝对的，得失也不是永恒的。以此观点来看的话，看待人生的视角一定也要处在变化当中。人生有了苦痛的遭遇，如果还是用苦痛的视角去观察人生的话，就会感觉满目疮痍，全是痛苦的景象，悲观情绪就会因此产生。换一种态度来对待人生就更容易克服悲观的情绪。谁的人生都会有灾难，不可能一帆风顺，一有失败就抱着失败主义的态度显然是不行的，要乐观地对待人生。另一方面，乐观也要有一定的度，不能盲目乐观，更不能乐极生悲。有一句话是这么说的："苦是乐的种子，乐是苦的根苗。"假如没有处理好乐苦之间的度的话，就很容易会有苦恼的根苗萌生，即便是得意也不会持久，最终还是会归于失意。

淡泊心志，观心证道

静中念虑澄澈，见心之真体；闲中气象从容，识心之真机；淡中意趣冲夷，得心之真味。观心证道，无如此三者。

清静的时候人的思维就会变得很清澈，如同是清澈的河水一般，很容易就看到内心最真实的本源；闲暇时人就更容易气定神闲，内心的真正玄机就能就此识别；淡泊时意念和志趣都显得平静谦和，更容易体会到心中最真的趣味。以上这三种方法正是用来反省人内心、印证道理的最佳方式，没有比它们更合适的了。

解 析

诸葛亮曾写过"非淡泊无以明志，非宁静无以致远"两句诗来鞭策自己的儿子，这两句话一直也是诸葛亮人生的座右铭，十个字简简单单却道尽了诸葛亮的广阔心胸以及辽阔恢宏的气度。古往今来多少君子在自我修为方面把诸葛亮的这句话奉为经典，他们也都认同诸葛亮的观点，即在宁静、淡泊之中自我修为，悟出人生的真谛来。心如止水之人不会有邪念侵袭，人心就好比是清澈的河水，容易见底，又如同是一尘不染的明镜，可从中找出每个人的本性。一个处在闲适状态中的人，行为举止都非常从容淡定，因此他们考虑问题也会更为冷静，在不断地整理当中就会发觉事实的奥妙，这就是内心的真机和真心。淡泊名利之人，情趣自得，他的内心真趣绝非普通外物可以遮蔽的。

正视人生，天奈我何

天薄我以福，吾厚吾德以迓之；天劳我以形，吾逸吾心以补之；天厄我以遇，吾亨吾道以通之。天且奈我何哉？

上天待我福薄，我并不气馁，而是用做很多善事来培养高尚的道德品质，用于创造自己的命运；上天要考验我，让我干了许多辛劳的工作，我就会让自己的内心变得安逸，以此来补足自己；命运让我陷入了穷困潦倒的境遇当中，我就用打通自己的道路来走出困境。这么做的话，上天又奈我何呢？

解 析

平常人的人生，不管是伟大还是平凡，处世用何种方式，人生中的遭遇都要靠他一个人独自承担。这其中有顺风顺水的顺境，春风得意的事业环境，更有甜蜜的爱情和成功的喜悦，当然也会有艰辛困苦的逆境，难以意料的灾难，这些也是需要人们去正视面对的。总之，人生有喜有悲，有幸福有痛苦，这些都无法逃避，只有面对。

精诚所至，金石为开

人心一真，便霜可飞，城可陨，金石可贯。若伪妄之人，形骸徒具，真宰已亡，对人则面目可憎，独居则形影自愧。

人一旦保持真诚，甚至可以让六月飞雪，更可以把城墙哭倒，穿透金石。要是一个虚伪妄为之人，徒有一副皮囊，内在的心性和精神意志早已经消失殆尽，与人交往时会让人感觉面目可憎，而在独处之时也会感到自惭形秽。

古今中外有很多用真诚感动上天的故事，现实生活中也有不少情谊感人的事迹。不管是谁都期待有真情流露，所以历史上那么多真情流露的故事才能流传至今。人间自有真情在，缺少了真情的人生绝不会幸福，也很难体会到世间的温暖。尽管追求真情的道路很是艰辛，但除了伪君子以外，人们都会克服种种困难去寻找幸福。生活中还有一部分虚情假意之人，这些人一开始会蒙蔽过所有人，一时获得他们所想要的荣华富贵和功名利禄，不过好景不长，这群人的虚情假意很快就为人所识破，最终会因为他人和自己的谴责而落入灾难的下场。至诚至爱才是待人处事态度的本质，至少从真诚对待自己开始。若是连自己都无法相信的话，那就谁也无法挽回了。

德怨两忘，泯灭恩仇

怨因德彰，故使人德我，不若德怨之两忘；仇因恩立，故使人知恩，不若恩仇之俱泯。

行善会彰显人心中的怨恨，与其让所有人都对我感恩戴德，不如让他忘掉一切，包括恩德和怨恨；恩惠会诞生仇恨，与其让所有人都感受到我的恩惠，还不如让他把一切都忘掉，包括仇恨和恩惠。

恩怨情仇原本就是相对的，常有原本感恩之人最终反目成仇的事情。成语中有"由爱生恨"，就已经揭示了这其中的道理。其实不让对方仇恨自己最简单的做法就是让对方连同感恩自己的念头一起抛弃，没有了感恩也就不可能有仇恨产生。一个人在社会上处世安身，没有一点原则是不行的，那种仿佛不倒翁一般的八面玲珑之人原本就不对。古代有很多杀身成仁的故事，这些人即便已经功勋显著，或是成名立万，但在大是大非面前他们仍旧是牺牲自己，甚至是放弃了自己的生命。

种德修身，知人善用

市私恩，不如扶公议；结新知，不如敦旧好；立荣名，不如种隐德；尚奇节，不如谨庸行。

译 文

与其在私底下收买人心，不如用一颗真心去扶持大众，让所有人都获得利益。与其结识更多的新朋友，不如搞好自己同老朋友之间的关系；与其想着怎么标榜自己的名声，不如私底下一点点积累自己的德行；与其总想着一下子就成就惊天的成绩，不如谨言慎行，注意自己的一言一行。

解 析

子产在郑国任宰相数十年，子产把郑国治理得井井有条，不但无外敌入侵，国内更是一片祥和。子产成功的秘诀就在于他知人善任，能够调动所有资源，合理配置人才，让所有人都能够在自己的岗位上最大限度地发挥自己的智慧和能力。子产很是了解他的每个手下的特点，譬如善于周全策划的裨谌，善于做出判断的冯简子，擅长裁断且文才突出的子太叔，对周围领国动向颇为了解的公孙挥等，在子产的安排下这些人都得到了极好的配置，都处在最适合自己的岗位上。郑国一旦有事，子产的做法是，先把裨谌用车子送到郊外，让其不受一切干扰地精心策划应付对策，有了对策之后再交由冯简子做出决断，公孙挥主要的工作是草拟文辞，执行主要还是由子太叔主持。一套程序下来，发挥了所有人的优势，不愁什么事情成不了。荀子曾提出，一个国家的政治原则和法制的根本就在于人才。有了人才就有了国家治理的基础，就有了安定和发展的希望。

戒疏于虑，警伤于察

害人之心不可有，防人之心不可无，此戒疏于虑者；宁受人之欺，勿逆人之诈，此警惕于察者。二语并存，精明而浑厚矣。

译文

害人之心不可有，防人之心不可无，这句话是用来劝诫那些疏于戒备、疏于警惕的人的；宁受人之欺，勿逆人之诈，这句话是用来告诫那些警惕性过强、思虑过细的人的。做人若是能避开以上两点的话，那便是思虑清晰、心地浑厚之人了。

解析

中国古代在总结人生经历时总有很多至理名言，比如"害人之心不可有，防人之心不可无"。人之所以不能有害人之心，只因害人终害己。心地坦荡之人不代表自己的言行举止均要倾吐于他人，毫无遮掩，毫无保留，如此不分轻重、不看对象的做法只会授人把柄，轻信他人会给自己招来灾祸。不过此处说到的防人绝非见人便防，而是有针对性的、有对象的，譬如小人、坏人，一旦遇见定是要防的。防人不分对象的话也会让自己跌入套中，不信任他人。

陋室节义，谨慎韬略

青天白日的节义，自暗室屋漏中培来；旋干转坤的经纶，自临深履薄处操出。

译 文

那种如同青天白日一般坦荡的节操道义，往往都是从艰苦的环境中来的；那种可以扭转乾坤的治国本领，大多都是从如履薄冰的小心谨慎中锻造出来的。

解 析

孔子在陈、蔡两国间行走时，为一群不明是非的人困住。那时的他饥饿难耐，却仍旧放眼周围的景致，发出了如此感慨："岁寒将至，必定又有霜雪，年年只有到此时才知道松柏之翠色难能可贵啊！"说到此话，孔子是在总结了自己几十年来周游列国获得的切身感受而发出的感叹。英雄的成就绝非一时一刻，必定是在经历了一番艰难才最终磨炼成钢，这便是"不经一番寒彻骨，哪得蜡梅扑鼻香"。缺少艰苦磨炼和奋斗的人难以成就大业。事实上，英雄一定要经历艰苦磨炼，但并不是每一个经历恶劣环境的磨炼的人都能够成为英雄。必须是抱着"如临深渊，如履薄冰"一般小心谨慎的态度，才能在磨砺中积累经验教训，点点累积起来，那样的战战兢兢的谨慎态度是成为英雄的最基本条件。胸怀宽大、眼光长远、注意在细节方面开始点滴积累的人，能够为自己的成功打下坚实的基础。

丑妍相对，人格高尚

有妍必有丑为之对，我不夸妍，谁能丑我？有洁必有污为之仇，我不好洁，谁能污我？

 译 文

美丽和丑陋的东西是两两相对的，我要是不自我夸奖自己美丽的话，又有谁能丑化得了我呢？干净和肮脏的东西也是两两相对的，我要是不自我宣扬自己干净纯洁的话，谁又能把我弄脏呢？

解 析

老子的观点一直都是无为至上，最根本的就是强调人格的高尚和身体的自由。外表美不等于内在美，从外表无法看透人的本质，更无法保证人格是否高尚或是身体是否自由。简单说，外形美不等于内在美，而内在精神的高尚也不一定外表美。

老子所处的年代，美和善两者并不是全然统一的，常常看到的情况是美和善二者分裂。《老子》中有这么一段话："信言不美，美言不信，善者不辩，辩者不善。"这段话看起来很拗口，它大概的意思是可信的实话一般是不美的，而中听的话却大多都不可信，道德高尚的人一般不善言辞，巧言令色的人通常都道德低下。

有些看起来仪表堂堂的人，实际上却道德败坏，本质上与外形有着极大的区别。老子说过："就在全国都在闹饥荒，百姓因饥荒流离失所且饿殍遍野的时候，居然还有人身着华丽的衣服，带着耀眼的宝石，餐餐都要珍馐佳肴。这类人哪怕穿得再美再艳，骨子里也是一群无耻之徒，都是些衣冠楚楚的禽兽。"

陷入山林泉石，沉浸琴棋书画

徜徉于山林泉石之间，而尘心渐息；夷犹于诗书图画之内，而俗气潜消。故君子虽不玩物丧志，亦常借境调心。

译文

徜徉在山中树林以及清泉怪石之间，原本游离在尘世中的那颗心也会因此渐渐安静下来；常常在琴棋书画的世界中流连忘返的话，原本身上所带的俗气就会渐渐消失。所以说，君子一定不能因为赏玩外物就丧失了自己原来的志向，一定要让自己回到优雅的环境中，利用环境的因素来调整自己的心境。

解析

越是才华横溢、道德修养良好的人，越认为自己要在山林泉石之间去陶冶自己的情操，他们越是认为在琴棋书画之间抒发自我情怀是调整自己心性的最佳方式。不论是山林泉石还是琴棋书画，都离开了世俗的欲望，人在其中可以感受到融入自然的轻松。因此有人给自己建造亭台楼阁，在自己家中典藏书籍，只不过并不像所有喜欢琴棋书画或是主张要隐居的人那样一定是为了锻炼自己的情操而考虑。很多人不为回归自然，只是附庸风雅，这种目的是改变不了贪得无厌的本质的，他们所做的一切称不上雅。

事实上，人不是不能改变的，尤其是环境对人的影响。有些曾经在世俗中贪得无厌、俗不可耐的人，换一个环境就可以改变他的本质。找一个优雅高尚的环境，过一段时日就会感觉到自己的改变。所以人要想培养自己高尚的节操的话，找一个山林泉石的环境是很重要的，借用这个优雅的环境来锤炼自己的气质绝非难事。这足以说明书香气息能够熏陶人们的内在素质，人在其中耳濡目染，慢慢就会感受到环境对人的潜移默化的作用。

秋日清爽，神骨俱清

春日气象繁华，令人心神驰荡，不若秋日云白风清，兰芳桂馥，水天一色，上下空明，使人神骨俱清也。

译文

春日里的景致总是各种花朵争奇斗妍，热闹非凡，让人身在其中感觉舒心荡漾，秋天的景致就完全不一样了，秋日里云淡风轻，秋高气爽，兰花芬芳，桂花飘香，天地之间尽是透彻清明，秋水共海天一色，人身在其中不论是精神还是身体都会感觉神清气爽。

解析

唐代著名诗人刘禹锡诗云："自古逢秋悲寂寥，我言秋日胜春朝。晴空一鹤排云上，便引诗清到碧霄。"字里行间都写到了秋之景象，也就是上文所提到的。一般来说，秋天给人的第一印象是肃杀，万物凋零，必有凋敝气息，同样地，秋天也有春天所不能媲美的秋高气爽等美景。上文不在于比较春天秋天之景象哪个更佳，就在于描述秋天那些未为人所知、与春日区别的景致罢了。世间万物都有生老病死，有盛也有衰。人们对世间景物的爱憎情绪完全出自于个人的想法，由不同的环境和心情来决定。譬如春日更像是生机勃勃的青少年，有着蓬勃的生机，但另一方面也说明年轻存在很多的不足。相较之下，秋日里正是各种姹紫嫣红落败，各种事物都开始走向衰亡，已经进入了成熟时期，这就好比是已经度过了最盛时期的人渐渐褪去了外在的奢华，流露出了真诚的本色，达到了成熟的境界。秋高气爽，水天一色，人也会同样感觉神清气爽。

万物消长，皆归自然

人情听莺啼则喜，闻蛙鸣则厌，见花则思培之，遇草则欲去之，但以形气用事。若以性天视之，何者非自鸣其天机，非自畅其生意也？

人们通常听到黄莺的啼叫就会喜出望外，而听到青蛙的鸣叫声就会感到厌恶，一般看到花花草草就想着要怎么去培育，而看到地上的野草就想除掉它，人们的这些好恶和事物本身没有必然的联系，通常都是因为人们看到事物的外在形态后所产生的内在情绪来决定的。要是仅看事物的自然本性的话，那就不一定同上面所说的那样，每一种动物都有鸣叫的特性，而且它们都随天性而为，每一种花草树木也都是随自然而生发，并无区别。

孟子曾有一段时间在齐国任卿相，不久后他就决定辞官离开齐国。同时期与孟子一同在齐国担任官职的淳于髡对孟子的行为很是不解，于是问道："济世救民是君子追逐功名利禄的基本目的，如今您已贵为齐国的三卿之一，还尚未上辅君王、下济臣民，就算是自己的功名也都还未确立，为何要匆匆离去？您的做法符合仁的要求吗？"孟子回答说："虽然我辞去官职后地位已然没有从前高，也无法同从前一般上辅君王，但古往今来有多少人行为各异，也说明了同样一个问题。譬如伯夷，他尽管身份卑微，却坚持不去辅佐不肖的君主以维持他贤人的身份；有伊尹，在夏桀时五次入仕为官，在商汤时也五次入仕为官，服务两朝只为推行自己的仁政；还有柳下惠那种从来不拒绝任何职位，也不在乎自己辅佐的君王是否圣明，只为实现仁的士大夫。三个人的行为大有不同，只不过他们的目的是一致的，殊途同归，都是为了实现自己的仁政思想。仁对于君子而言是最高的追求目标，形式并非是最重要的，只要能实现仁，君子是不拘泥于形式的。"在孟子心目中，像伊尹、柳下惠这样的士大夫都是贤人的代表，尽管前者曾在夏桀朝中为官，后者则对不肖的君主并不反感，即便如此，他们的行为都是从仁的角度出发，因此孟子认为他们的行为并没有损害他们贤人的名声，因此他们都不应该备受后人指责。这便是孟子辞官的理由，毕竟在仁面前，所有的官阶爵位都如浮云，都可以抛弃。所谓的去留的原则在于是否能保全自己安身立命的根本。若是明白了这一点，就可以进退自由，去留无忧。所以从孟子的行为和言论中可以看出个人的好恶去留变化，同世界万物的生长发育规律是基本一致的。

天地万物因为人的好恶才有所取舍，事实上每一样事物都有其用处。所以人的好恶会反映在世间万物的形态变化之上。关于这个观点，《庄子·天地》中曾有一段非常生动的描述：世界的本源是个"无"，有了"无"才产生了"有"，刚刚诞生的"有"是统一的没有形体区别的，也就是"一"。有了"一"而产生的是"德"，形体从"一"开始区分不同，也就有了"命"。运动停止，万物出现有了"形"，"形"具备了精神之后，各自的姿态和行为规则都确定了以后，就有了"性"。德是需要性修为而返的，德到了顶点之后就回到了最初的"有"或是"一"。而回到最初的其实都是虚廓，当虚廓慢慢扩大了之后，自己说话就和无心的鸟鸣之间毫无区别了，到此时也就达到了和天地合同的地步。所谓"合同"便是说彼此之间混沌得没有差异，这叫作"玄德"，一切都回复到本真的状态，归于自然。

物欲致哀，性真致乐

羁锁于物欲，觉吾生之可哀；夷犹于性真，觉吾生之可乐。知其可哀，则尘情立破；知其可乐，则圣境自臻。

在物质欲望的束缚之下，自己的人生看起来很是悲哀；若是在真性情中徜徉的人，才会感觉自己的生命充满了各种乐趣。明白了什么是哀愁，那自然可消除尘世中七情六欲的纠缠；明白了什么是乐趣了之后，所谓完美的境界自然会因此到达真正完美的状态。

老子曾说过："人之大患在吾有身，及吾无身则吾有何患。"因为领悟了自身这才招来了各种烦恼，并且烦恼接二连三地到来，自己也会因此失去抗衡外在诱惑的真性情。真性情即天理，人内心中有了天理，自然就可以明心见性。要在自我修行的过程中找到本真，尽管这个过程充满了艰难，只是一旦发现了真性情就能够享受到修身养性的快乐。只不过不是每个人都可以达到这样的境界，唯有那些时常提醒自己反省的人，才能到达快乐的彼岸。

出淤泥而不染

粪虫至秽，变为蝉而饮露于秋风；腐草无光，化为萤而耀彩于夏月。因知洁常自污出，明每从晦生也。

粪土中产生的蛆是世上最脏的东西，但是一旦它褪化成蝉了以后，却不再以粪土为生，改以洁净的秋之露水为生；已经腐朽的草堆是不会发出光泽的，但是一旦化为萤火虫之火，就会在夏夜的月光下发出点点萤光。所以说，世上洁净之物大多都从腐朽污秽之物中诞生，也就是说光明源于黑暗。

禅林怪杰无三和尚，在出家之前原本生活在一个很偏僻的小山村里。21岁他开始当杂役，直到53岁时才皈依佛门，出家为僧。只是他在皈依之后，毫无惧老，游遍全国，最后寻到了他所敬仰之人——宝香寺的洞泉橘仙和尚，并虔诚拜他为师。看到如此勤勉刻苦的人，洞泉和尚很是感动，便纳他为自己的弟子，还把正法传给了无三和尚。随洞泉和尚修得了正果的无三，在萨摩藩主的邀请之下，到鹿儿岛的福昌寺出任住持。无三和尚在福昌寺举行出任住持的仪式上展示了自己德高望重的品性，表现了他在禅学方面的造诣。不过在仪式上，萨摩藩宣布了自己的一条规定，通常在福昌寺出任住持的人一般都有官姓，若是没有官姓的贫民百姓出任住持的时候，就必须改官姓。无三本是贫民，但他却不愿意改掉自己的姓。因为这件事情，突然有一位不服无三和尚的他寺住持以此为理由向藩王进了谗言："无三是个贫民老百姓，又怎么能不改姓就当住持呢？"全场人听完之后就为之哗然。只有无三一个人仍旧面不改色，只是淡定地说了一句话，也就是这句话震慑了在场的所有人："我就是出淤泥而不染的荷花。"这话就表明了无三和尚的节操，这道理谁都明白。

道德生名，自是富贵

富贵名誉，自道德来者，如山林中花，自是舒徐繁衍；自功业来者，如盆槛中花，便有迁徙兴废；若以权力得者，如瓶钵中花，其根不植，其萎可立而待矣。

世间的荣华富贵和功名利禄，若是从道德中来，那必然是如同山野之中的山花一般，从容淡定地开放在山野之间，绵延不断；若是从各种功业成就中来的，那就好比是栽在盆中的花朵一般，只会随着环境的变化而出现各种茂盛或是枯萎；若是由权力而得来的，那就像是插在花瓶里的花儿一样，根本没有根，也种不了，最后的结果就只有枯萎了。

解析

无论对谁来说，荣华富贵都是吸引人的，好比是一道炫目的光圈，让所有普通人都因此而羡慕不已。只不过羡慕归羡慕，切勿因此而生发出忌妒之心。要避免这种情形的发现，最重要的一点就是要拨开表面看到事物的本质，才会明白所追求的不过是过眼云烟，自己也会因此而冷静下来。孟子曾说过："关心百姓，不过就是将他们所期望得到的东西累积起来，再给予他们所需要的；把他们所厌恶的东西移走，且不强加在他们的头上即可。这么做就不怕不得人心了。简单来说，君子要服天下切勿用淫威服人，要以德服人，这是最简单的一个道理。"孟子又说道："在诸侯中称霸，要是以武力镇压，那通常只能用国力的强大来让他人钦服；若是依仗道德来服人的话，仁义是最重要的一点，天下归附均以仁义为本，这和国家实力强大与否并无太大的关系。历史上商汤称霸天下仅仅靠70里纵横天下，文王让天下归服也不过是纵横百里的国土罢了。让人归服自己，实力固然是一种途径，只不过这种方式更多的是因为恐惧而得来的，说是服不如说是恐惧，因为那仅仅是口服，不是心服。相反地，以德服人，才是真正的心服口服。"

舍己为人，无疑无报

舍己毋处其疑，处其疑，即所舍之志多愧矣；施人毋责其报，责其报，并所施之心俱非矣。

自我牺牲切勿犹豫不决，要是在其中徘徊不定，总是去计较得失的话，那自我牺牲就不那么纯粹了，那些想要牺牲的心意也会打了折扣；如果给人施以恩惠了之后，切勿一定要他人回报，如果总是责成他人要回报的话，那么施恩惠的心意就会因此而变质，变成另一种东西。

紧要关头舍去自己就是自我牺牲，而几十年如一日的与人为善便是自甘奉献。与人为善和自我牺牲本质上的意义是相似的，只不过它们用各异的外在途径去实现相似的本质。譬如说舍己，缺少了基本的理想追求，就不会有舍己的念头产生，在困难面前就会因此而退缩；与人为善，缺少了善意的修养基础，也就不会看到他人的需求。因此古今中外多少仁人志士，都因为有着远大的志向和高远的理想而舍弃自己的生命，给予他人最大的恩惠，以成就国家和民族大义，他们也因此而名垂青史。

与人为善，不分贵贱

平民肯种德施惠，便是无位的卿相；士夫徒贪权市宠，竟成有爵的乞人。

一个普通的人要是能自愿去为他人行善事或是施以恩惠的话，那便是同公侯将相一般受人敬仰，尽管他实际上并没有这样的地位；士大夫要是贪恋权势，喜欢争权夺利的话，那就同街边的乞丐一样可怜，尽管他有着很高的社会地位。

地位高低，为官与否与行善积德之间并没有必然的关联，能否行善还在于人品。《碧岩录》中记载过这样一个"仕客千日，失在一朝"的故事：当时出任泉州长官的王太傅，有一次到招庆和尚的寺庙中造访。不巧的是，招庆和尚正好出去云游，不在寺中。见到王太傅来访，寺里的朗上座紧忙提起铁茶壶要去给王太傅斟茶，却不料打翻了水壶，一下子将水壶里的水都泼到了茶炉里面。王太傅见了之后就问朗上座："你这茶炉下面放的是什么？"朗上座连忙回答："是捧炉神。"王太傅接着又问："那你怎么能把水壶翻倒在捧炉神身上呢？"朗上座答道："不是只有水壶如此，即便是身居高位的人，有一天也会遭到免职，不会日日都是高官的，这和捧炉神的遭遇是一样的。"太傅听罢立马拂袖而去。后来明招和尚得知了事情的来龙去脉后对朗上座说："上座啊，你难道不知道你吃的是招庆的饭吗？怎么还会跟王太傅说这样的话呢？"上座问："那你是怎么说的呢？"明招和尚回答："我的回答很简单啊，我就说是捧炉神自己瞅着空子给泼翻的。"

求全责备，因小失大

不责人小过，不发人阴私，不念人旧恶。三者可以养德，亦可以远害。

他人的小过错不要求全责备，更不要去挖掘他人的隐私，而对于过去的仇恨要学会既往不咎。要培养自己的道德修为，这三点是最基本的要求，不但可以培养自己的修养，更可以让自己趋利避害。

《论语》中提到，无论对谁都不应该求全责备。《礼记》也提到了，过分清澈的水里是不会有鱼虾出现的，对人太过于求全责备的人是不会有朋友的。因此，看人尽管要擦亮双眼，但也要明白"有所见，有所不见"的道理，双耳要聪敏，同时也要有所闻，有所不闻。他人的功绩要有所见有所闻，他人所犯下的过错则要有所不见，有所不闻，这才是一个尽善尽美的人对人的正确态度。

扼制心魔，心即澄明

当怒火欲火正腾沸处，明明知得，又明明犯著。知的是谁？犯的又是谁？此处能猛然转念，邪魔便为真君矣。

怒火中烧的时候，人尽管知道自己的行为不对，但还是会明知故犯，只因自己已克制不了自己。那么明知的究竟是什么？故犯的又是什么？要是能用理智来控制自己的怒火的时候，转念一想的话，或许心中的那团邪恶的火焰就会因此熄灭，萌生理智善良的念头。

很多人在生活中的座右铭是"忍"或是"制怒"，这原本就证明不少人对于怒火中烧的危害有着很明确的认识。话虽如此，不少人在发怒时还是无法控制自己的情绪和理智。人本能的情感要逐步理智化，这是个很漫长的过程，需要人们用毅力去控制自己的怒气，用理智来战胜怒气，自我俘虏那些在心中滋生的邪魔，进而使理智的想法占据了上风。世间本就没有魔鬼，一切都存在于自己的内心，由内心生发出来。怒火冲破头脑的时候，内心即被恶魔所占据，如果理智战胜一切的话，那内心的良知就是神明。

德才兼备，德者育才

德者才之主，才者德之奴。有才无德，如家无主而奴用事矣，几何不魍魉猖狂。

一个人的才能由品德所主宰，才能只能是在品德主宰之下的奴隶。有才能的人要是缺乏品德的话，那就好比是家中有奴隶却没有主人在家中主持一般，那些魑魅魍魉就会乘虚而入，此时的人也就会变得猖狂无度。

孔子曾经和自己的学生一起讨论过"仁"与"智"两大问题。孔子问自己的弟子们："怎样才能为仁，怎样才能为智呢？"子路的回答是："有智的人使人懂得自己，有仁的人使人懂得如何爱自己。"子贡的回答则是："有智之人才懂得他人，有仁之人才知如何爱人。"颜渊的回答是："智者自知，仁者自爱。"三个人回答了以后，孔子都表示同意，并且对三个人的不同回答进行了总结，在他看来子路指出的是"士"的境界，子贡所指出的是"士君子"的境界，颜渊说的应该是"明君子"的境界。三者的观点到了荀子那里又有了新的评价，荀子记载了这么一段故事，提出子路、子贡、颜渊在论仁与智两大问题时的答话是有高下之分的。事实上，个性不同也就注定了有不同的长处和适应不同环境的能力，修养不同也就有了不同的造诣。所以说从不同层面来说，三种境界尺有所短，寸有所长。仅仅就社会关系来说的话，至高的境界肯定是知人爱人，然后是使人知己爱己，最后便是自知自爱；但换一个角度，单从人性的角度来看的话，至高的境界就应该是自知自爱，然后才是使人知使人爱，而最后就应该是知人爱人。一般来说，自知自爱说的是人的本性本能，而使人知己爱己称为才，最后知人爱人才能是德。俗话说德才兼备，是因为有德的人才算人才，有了德方有才，这个道理是世间最为通俗的人生哲理。

量弘德进，以学立人

德随量进，量由识长。故欲厚其德，不可不弘其量；欲弘其量，不可不大其识。

一个人的气量大小能够影响一个人的道德水准。而决定人气量大小的却是人见识的多寡。所以说，培养一个人的道德水平要先从增加一个人的气度开始，气度变得宽宏之后，道德也就随之日臻完美；而要扩充自己的气度，就不得不增加自己的各种见识。

解析

常言道："德高望重"、"量宽福厚"，可见，一个人的道德水准和气度之间的关系是互为因果的。度量宽宏之人大多都品德高尚，也只有宽容待人才会赢得他人的敬仰和尊重，获得较高的社会地位。而度量来自于人的见识，学富五车的人才有可能培养出高尚的道德水准，因为有了高深学问的人在待人接物上才更有知己知彼的能力，才能宽容地看待事物，也就能有高洁的道德水准。世间的学问不仅仅只有书本上的知识，还包括了人生的间接经验。前者的知识通常是固化的，是死的，在学习的时候要注意思考探索，后者则是从实践中来，是鲜活的，通常需要总结。两者结合起来就可以磨炼一个人的观察力和判断力，从事物当中分辨出高下，看出正邪。明白了是非曲直之后要分辨事物的对错也就不成问题了。因此人们必须明白一个道理，增加个人见识有利于扩宽人们的度量，更有利于培养个人的道德水准，这是一个非常有效的方式。与此同时，度量宽宏了，道德水准提升了，也为继续学习提供了良好的做人基础。

三省吾身，从善如流

反己者，触事皆成药石；尤人者，动念即是戈矛。一以辟众善之路，一以浚诸恶之源，相去霄壤矣。

常常能自我反省的人，凡事都可以用来作为反省自我的理由，也能够时时警醒自己；成天只在怨天尤人的人，动不动就是一些伤到自己的念头。前者是通往善的道路，而后者则会让自己堕入恶之中，两者是有本质区别的。

曾子说："我日日都会反省我自己，想想在帮他人的过程中是不是真心尽力了，在与朋友交往当中是不是真心付出了，而老师所讲授的课业内容我是不是已经复习而了然于心了呢？"

曾参是孔子晚年的一个很重要的弟子，孔子很是欣赏他的才华，尽管两人的年龄相差 46 岁，几乎可以称得上是忘年之交。孔子最看重曾子的一点便是孝，曾子是个闻名的大孝子，孔子因为赏识这一点才收他为徒，还在招他为徒之后教了他不少知识。曾子的特点便是谨慎庄重，因此他为学的特点也是"以修身守约为宗旨"，最是推崇儒家修身养性方面的理论。

无德以熔，技为末技

节义傲青云，文章高白雪，若不以德性陶熔之，终为血气之私、技能之末。

 译 文

君子的高尚节操可以傲视所有高官厚禄，君子所写的感人文字可敌过最美的乐曲，为什么这样呢？很简单，就因为他们的文章也好，他们的节操也好，都有道德准则作为基础并融入其中，试想一下若是没有这一点保证的话，那不过也就是意气用事的一时热情，或是那些匠气十足的雕虫小技罢了。

解 析

上文所说的贯穿于文章和节操中的德是指君子远大的志向和追求。就比如泥土要成为陶制品的话，必须经过高温的淬炼才能成型。人也是如此，没有经过德的淬炼也很难成为节操高洁的君子。人的学问有高低之分，但是如果有了学问却没有德的话，那绝对成不了君子。他没有开阔的心胸，也没有为他人服务的宗旨，所有的行为举止都是为了一己私利，即便是学问再高也只能算是"血气之私，技能之末"，这是不足取的。

消欲则静，内虚则宁

欲其中者，波沸寒潭，山林不见其寂；虚其中者，凉生酷暑，朝市不知其喧。

内心盈满了个人私欲的人，就好比是原本平静的潭水扬起了波浪一般，即便是身处山林泉石之间，也未必能感到内心平静；内中无欲无求的人，即便是在酷热的盛夏他也会心静自然凉，即使处在闹市之中也不会感觉喧闹。

解 析

精神的作用常常是无法估量的，它可以用来克服人们所遇到的各种困难，同样地也会让人落入欲望的深渊。通常能够做到定、静、安、虑、得的人，或是能在精神上进行静修的人，再大的困难在他们的面前都不算什么，他们都会咬紧牙关克服困难，几乎没有什么可以让他们感到屈服。

多藏后亡，富贵招祸

多藏者厚仁，故知富不如贫之无虑；高步者疾颠，故知贵不如贱之常安。

藏富过多的人，一旦失去也是很大的损失，足以见得富有之人尚不如贫民百姓过得无忧无虑；平时目空一切、高高在上的人，一旦跌下来就会摔得很惨，足以见得地位显赫之人尚不如普通人生活得安逸。

 解 析

一无所有的人身外无任何牵挂，活得逍遥自在。人们常说：无官一身轻，无财不担心。人的财富越多，就越可能因此为自己和他人招来祸害，爬得越高的人就可能把他人踩在脚底，或是一跌就跌进了无底深渊。孔子说："鄙夫！可与事君也哉？其未得之也，患得之。既得之，患失之。苟患失之，无所不至矣！"处在富贵之中的人，还能考虑如何来提升自己的日常修为，那便是至高的君子所为，只可惜太多处在富贵之中的人已然忘了这些，这反倒不如他们在贫困之时的精神高度了。

晓窗读易，午案谈经

读《易》晓窗，丹砂研松间之露；谈经午案，宝磬宣竹下之风。

译 文

晨起在窗边研读《易经》，在松树上取下露水研磨朱砂以此为批阅之用；午间时分在书桌前诵读佛经，一时间微微吹在竹林间的风把玉石木鱼声吹向了远方。

解 析

荀子指出，凡世间万物学过之后不能举一反三，不能触类旁通者不能算是善于学习的人。很明显在荀子看来，读书要灵活对待，不仅仅是要学会书本上的字字句句，还要从书本中走向实践，理解其中的道理并应用到实际当中，这才是会学习的人。三国时魏国有个叫管辂的人，熟读《易经》，精通其中理论。一天，何晏前去拜访，为的是向管辂请教一下"阳爻"在《易经》一书的问题和解释。经过管辂的解释之后，何晏对自己所获得的答案很是满意，不得不心悦诚服地赞叹道："君论阴阳，举世无双。"就在此时，邓飏也正好在场，听了何晏的赞许之后，就问管辂："世人都说你最懂《易经》，最能解其中的内容，可是我刚才听你给何晏的解释当中，似乎没有一句和《易经》本身的爻辞有关系，这是因为什么呢？"管辂应声答道："死抠着《易经》中字字句句的人，不能说明他就真正明白《易经》；那些领会了《易经》精神的人只会取其中的精神来解释问题，这才是懂得了《易经》玄妙之人。"

诸事烦恼，只缘认"我"

世人只缘认得我字太真，故多种种嗜好，种种烦恼。前人云："不复知有我，安知物为贵？"又云："知身不是我，烦恼更何侵？"真破的之言也。

译 文

世间凡人总是把"我"字视为最重的字，总在"我"字上较真，这才有了那么多复杂的嗜好，也因此产生了种种不必要的烦恼。前人说过："若是有一天再没有'我'这个概念，又何来什么贵重、什么卑贱呢？"前人也说过："要是有一天能明白自己并非自我所有的话，就算是烦恼也都不可能侵袭。"这两句话确实一语中的，一语切中要害。

解 析

中国古代所说的处世哲学，大多都要求人们在现实中做到无为，忘却自我，很少去强调要实现自我。古人曾经说过，君子要耻于言利而突出义，这就要求在大义面前必须先泯灭自己的私欲，把道义看得高于一切。随着现代文明的发展，人们越来越开始重视自我、重视自己的利益，只不过这都不以伤害他人为前提。事实上在古代中国也有很多贤人提到过自我利益，但对于他们而言，他们更关注的是自我和道义之间的关系，他们会在特殊的背景之下来阐述自己对自我利益的观点。例如战国时期的杨子认为自我"拔一毛而利天下不为"。从这句话当中就可以看出杨朱的观点是极端的自私主义，他之所以会如此重视自我利益，原因还是在于当时的时代背景。他所处的战国时期有很多政客，习惯以国家或是人民为借口，颇有野心，而他们唯一的做法就是发动双方的战争，只为了满足自己的一己私欲。就因为这样杨朱才会说出上面的那一句话，杨朱在这样的时代背景下才觉得人人若只是考虑自己，不再去考虑太多他人的事情，不就是可以避免战争了吗？可见，杨朱所提倡的自私，并不是现实生活中所说的"自私"，二者的含义还是有所区别。这里杨朱所提的自私还是要把关注点从占有他人身上转移到关注自己，而现实中的自私则是为了一己私欲中饱私囊，这种自私是极度不可取的。而现代生活中所说的自我和自私也是两个概念，自我应当是在人格上独立的自我，而非只为了满足自己的欲望而不择手段的自我。

妄心消杀，真心自现

矜高倨傲，无非客气，降服得客气下，而后正气伸；情欲意识，尽属妄心，消杀得妄心尽，而后真心现。

居高自傲的人总是自以为是，他们平常的表现都绝非出于自己的本性，而是虚浮之气更重，要是能把这种虚浮之气消除的话，刚正不阿的气概才会因此显现出来；人的七情六欲其实都是虚幻不实的，一般都是真性情为幻象所蒙蔽而导致的，只要把这些蒙蔽自己的幻象消除干净，真性情自然就会呈现。

荀子在自己的《性恶》中说："人本性的最初是恶，经过后天的修为才有了善的本性。人本来就有自己的好恶，这是人的本性。要是所有人都任着自己的好恶本性的话，那绝对会引发人和人之间的争夺，更不会有谦谦君子了。人的本性中也有忌妒、仇恨，要是每个人都顺着自己的本性去生活的话，势必会有残害忠良的事情随之发生，更别提诚信了。人本来也有很多耳目的欲求，对于美妙的声音和美好的事物天生有着喜爱之情，任由自己的这种本性发展的话，难免会有淫乱的事情发生，至于礼义廉耻和等级尊卑的事情更不会出现了。说完上面的几种情况之后，就会发现人本性中恶的部分要是不加以节制的话，就会发生争权夺利、破坏礼仪秩序的事情，君子也就不再有了，人和人、国和国之间的暴乱争夺也就避免不了了。为了避免人性中的恶所造成的恶果，一个国家、一个社会都要依靠礼教和法制来制约人们，从而引导人们在人和人之间有谦让精神，让不同的人处在最合适自己的位置，促成社会安定。由此看来，人之初确实是性本恶，只有后天所为才能有善。"这就是荀子所主张的性恶论，但他并不是否认人性有善的一面，只不过是善是后天的，而非先天就有的。也就是说，人本性有恶，但是经过引导和克服的话，恶的本性才会改掉，变成了善。

苦乐练极，真知始现

一苦一乐相磨炼，练极而成福者，其福始久；一疑一信相参勘，勘极而成知者，其知始真。

漫漫人生路上，倘若有苦有甜、经历丰富的话，才会因此获得幸福的感觉，且这种幸福会持续很长一段世间；而在追求知识学问的路上，若是可以始终保持一种怀疑的态度，对所学的知识反复考证、核实的话，那势必能获真知，这种学问才是真真正正的学问。

甘蝇是中国古代传说中最善于射箭的人，只要他一张弓，没有他射不下来的飞禽走兽。因为仰慕甘蝇的射箭技术，有个叫飞卫的学生，前往拜甘蝇为师，希望从甘蝇那里学射箭的技巧。不久以后飞卫的射箭技巧就比自己的老师更厉害了，有一个叫纪昌的人，就拜飞卫为师学射箭。飞卫告诉纪昌："要想学射箭的话，先要学会不眨眼，这是学射箭的第一步。"纪昌听完飞卫的话之后，就回到家中开始在自己妻子的纺织机边上练自己的眼睛，希望自己的眼睛可以长时间地一眨不眨。练完了以后，纪昌就去报告飞卫自己已经练成了，可是飞卫听完后说："我觉得你还没练成，不但要一眨不眨，还要会看。看大东西也要看小东西，看细微的也要看显著的，所有的东西都要学会看才行。"从此以后纪昌就开始在家中把一只虱子用长毛悬在窗上，每一天都望着虱子。日复一日纪昌就这么盯着窗上的虱子，十天过去了，在纪昌的眼里虱子开始越来越大，变得仿佛是一只动物；三年以后，他眼里的虱子就仿佛是车轮那么大了。那时候的纪昌再看其他东西就好比是三山五岳那么大了。练就了这一身功夫之后的纪昌，开始研究弓箭的材质，他习惯用北方角制的弓和南方蓬制的箭杆来射东西，最初他射的东西就是自己挂起来的那个虱子，很容易就射穿了虱子，却没有射掉挂着的长毛。有了如此技艺以后，纪昌连忙去向飞卫报告。飞卫听完了以后就立马告诉纪昌："你已经学成了。"

前事不忘，后事之师

图未就之功，不如保已成之业；悔既往之失，不如防将来之非。

与其在那些毫无把握的事业上花太多心思，还不如好好地去经营一下自己现有的事业；与其总是在过去的那些失误中追悔不已，不如多花点心思来避免将来可能出现的错误。

如果根据时间来划分人的一生的话，大致可以分为三个阶段：过去、现在和未来。对于已经过去的过去，无论有多少过失都不要总抱着追悔不已或是自高自傲的心态，自省和检讨是十分必要的。现在是需要直面和适应的，不能轻视和忽略现有的一切。至于未来是需要规划和努力的，不要害怕未来的到来。古人有古训："前事不忘，后事之师。"这句古训的道理就在于人们要借鉴自己曾经的经历来对未来进行策划，但不能沉浸在过去当中。别像是老人一般，把回忆当作现在最重要的事情，要立足于现在，认识自己，走向未来。

晚节失守，人生俱毁

声妓晚景从良，一世之烟花无碍；贞妇白头失守，半生之清苦俱非。语云："看人只看后半截。"真名言也。

一般来说，到了晚年的歌伎和舞女都会选择嫁人从良，曾经的那些妓女生涯并不会对将来的良家妇女生活有太多的影响；那些一生坚守节操的妇女守了一辈子的名节，却晚节不保堕入风尘的话，那此前守的名节就前功尽弃了。古语有云："评价一个人的节操要看后半生。"这绝对是句至理名言。

解 析

孟子和他的学生彭更之间的一次答辩很有意思。这次答辩的源头是由彭更向孟子提出批评而引起的。彭更觉得孟子从一个国家到另一个国家的时候，身后跟随了几十辆的车，几百号人，他感觉孟子的排场太大了。在彭更的眼里，凡是君子是研究学术的，道德品质很高，在各个国家之间推行王道，不会像是木匠一般工作只为了谋取生机，这不是君子所为。孟子听到彭更的批评之后就反问道："照你这么说的话，吃不吃饭是不是要以动机来论呢？"彭更问："先生你该如何论动机呢？"孟子说："假设这里有个工匠，他的动机一定是去谋取自己的生机，他们总把屋瓦打碎，又会在新垒的墙上乱画，能不能给他饭吃呢？""不。"孟子紧接着问："你这说的已经不是动机了，而是在讨论结果。"显然孟子的意思非常明确：论事单凭动机还不够，效果也是很重要的。

道非私事，学非精致

道是一重公众物事，当随人而接引；学是一个寻常家饭，当随事而警惕。

在社会上，每一个人都要去追求真理，探索真理是一件属于社会大众的事情，完成它的话要以个人的性情来引导；研究学问的话其实是如家常便饭一般，遇到事情或是变故的话，要时时保持警惕才行。

三国时吴国最有名的大将吕蒙，儿时家中的环境不是很好，没受多少正规的教育。成为吴国的将领之后，孙权召见他和蒋钦时说道："现在你们手握兵权，别轻易放弃学习，这才对自己更有利。"吕蒙答道："我平常军务繁忙，实在找不到时间学习。"孙权说："我不是要你们每个人都成为经学的博士，我就是想劝劝你别忘了学习，读书是很必要的。你总说军务繁忙，难道我能比你们清闲吗？尽管我每天也很忙，但我仍然督促自己要多多读书。从小我就开始读《诗》、《书》、《左传》、《国语》等，如今我还在读《史记》、《汉书》等史书，反复地看诸子百家的书和兵法，从中我获益匪浅。你二人一向都聪慧过人，坚持学习，假以时日的话必有所成。何乐而不为呢？孔子说过：'终日不食，终夜不寝，以思，无益，不如学也。'汉光武帝刘秀即便是带兵之际也会手不释卷。魏国的曹操也是老而好学。你们怎么居然还能以军务繁忙为借口不认真学习呢？"听了孙权的一番话以后，吕蒙开始发奋图强，努力学习，认真读书，所读的书甚至比一般的书生还要多。

严己宽人，推己及人

人之过误宜恕，而在己则不可恕；己之困辱宜忍，而在人则不可忍。

一定要学会宽容他人的过错和失误，要严格地面对自己的过错和失误；一定要尽量地去忍下自己所遭遇的屈辱，面对他人所遭遇的困境和屈辱则不能袖手旁观。

解 析

严于律己，宽以待人，这是最基本的态度，也是一种很规范的待人处事的方式。从本质上来说，这种处世态度的核心在于自悟。宽以待人，目的在于给予他人更多改过自新的机会，严于律己还在于要保证自己不再重新犯同样的错误。通常人都是用"以圣人望人，以常人自待"的方式来对待他人和自己，这种人很难和他人有合作的机会，对自己太过宽容，却严厉对待他人，他人会因此感到合作上的困难。换一种方式去看待自己、去看待他人，用指责他人的方式来指责自己，能规避掉很多失误，能以宽恕自己的方式来宽恕别人的话，就能和其他人完美地合作。古语云："己所不欲，勿施于人。"用一种推己及人的方式才是真君子。

极高出极平，至易现至难

禅宗曰："饥来吃饭倦来眠。"《诗旨》曰："眼前景致口头语。"盖极高寓于极平，至难出于至易；有意者反远，无心者自近也。

译 文

禅宗当中有一句偈语说道："饿的话就去吃饭，困的话就去睡觉。"在《诗旨》当中也有一句话是："用口头的语言表达眼前的景致。"这些诗句听起来实在太过平凡，都是日常生活当中每个人都会遇到的事物，也是生活中最稀松平常的道理，但这其中却有着最深的道理。可见简单才是哲理的开始，很多真理不能倚靠刻意强求的方式来探索得到，要让自己更接近真理，必须任由自然，无为而为。

解 析

平凡中见真理，这是亘古不变的真理。现在那些被普遍认可的道理都是听由自然规律的产物，也是人与自然和谐统一之后的真情流露。

《列子·仲尼》中曾记载了关尹喜的这样一段话："不执着于自我的话，很多真理就会因此而显现出来。很多时候事物的变化就好比是流动的水一般，自西向东顺势而流，遇到什么，出现什么，一切都是顺其自然，从不隐藏自己。顺应事物发展规律的，听力、视力和感觉力都可以抛下。"

动静相宜，出入无碍

水流而境无声，得和喧见寂之趣；山高而云不碍，悟出有入无之机。

水流淙淙却一点水声都没有，静得出奇，可见再喧闹的环境中也蕴含着寂静之趣味；山峰高高耸立却一点不会插入云霄，可在有形的事物中领悟忘我的境界。

动中取静的静才是真正价值的静。凡人的本性与自认的好恶和是非观念没有太多关系，只要有这种想法的话就能够保持最真挚的静。动中之静方见静。一个人的本性已定，就不会为爱憎和是非所动，这就是真正的静。无我之境必须是从喧闹中找到寂静的乐趣，再从有形中寻找无我的玄机，这就是上文所提到的"动静合宜"、"出入无碍"境界。《庄子·大宗师》篇中也有一段描述："鱼相造乎水，人相造乎道。相造乎水者，穿池而养给；相造乎道者，无事而生定。故曰：'鱼相忘乎江湖，人相忘乎道术。'"人生若可达到这样的境界的话，也就是达到了超脱入境，便是"邪正俱不用，清净至无余"。

心无旁骛，随缘入无

今人专求无念，而终不可无。只是前念不滞，后念不迎，但将现在的随缘打发得去，自然渐渐入无。

现在的人如果总想着要专心致志、心无旁骛地去追求一种事物的话，那结果是怎么也达不到他所想要的完美境界的。要做到心无杂念的话，先要让此前的杂念不存心中，不再有新的杂念来打扰自己，更要将现有的杂念都通通打发掉，也就可以渐入佳境了。

解 析

《庄子·则阳》中说："因为领悟了道的真义，冉相氏所以才感受到顺其自然发展的重要性，也明白了凡事都是无限的，没有起点也就没有终点，更没有时间上的区分。始终坚持无我境界这才能领悟大道，而且从不会因为其他外物的因素来忘却大道的精髓。领悟到了自然的真义，却总是期望用效法来达到自然的状态，这是不得法的，对于自己的生活和事业都没有太大的帮助。圣贤之人心中没有天，没有地，没有万物，更没有人，所有的一切在他们眼里都是虚无的，大道发展变化而让所有事物发展变化，可见他们和自然万物的融合已经达到了很高的境界。商汤曾任用司御门尹恒做自己的师父，之所以起用他，是因为自己在跟随他学习时感觉能顺其自然，从不拘泥于自己的所学，而且通过这样的学习，商汤和自己的师父之间君臣和师徒的关系能够各得其所。"

物理俱去，万事皆空

理寂则事寂，遣事执理者，似去影留形；心空则境空，去境存心者，如聚膻却蚋。

译 文

真理要进入空寂的状态，事物也会因此进入空寂的状态，一旦只执着于真理却将所有事情都派遣出去的话，那就好比是留住了躯壳却舍弃了影子一般，太过荒谬；内心进入了空寂的状态，境界也就跟着进入了空寂的状态，舍弃了外在的境界却留下了心的话，那就和聚拢那些膻臭的东西来驱赶蚊蝇一般可笑无比。

世间没有绝对的静，也就没有绝对的空，空寂的状态也是相对的。执着于追求的人也有不同的境界，执着于事物的话就只能是普通人，只有那些执着于真知的人才是学者。这其中有一个很著名的哲学命题，也就是众人皆知的"存在决定意识"。以辩证唯物主义的观点来看，存在是意识存在的前提，意识会给存在一定的影响和作用。所以空寂的"境"不是绝对的，因此要做到绝对的心境空虚是不可能的，但也要执着于追求且锲而不舍才是真理。

充耳不闻，物我两忘

耳根似飙谷投响，过而不留，则是非俱谢；心境如月池浸色，空而不著，则物我两忘。

译 文

用耳朵听声音的话，就好比是巨风刮过了山谷，尽管当下动静很大，但过后却什么都没有留下，所有的是是非非都不会在自己的记忆中留下；心境假如能和倒影在水池中的月亮一般，只是倒影不曾有任何痕迹留下的话，那势必能做到物我两相忘了。

解 析

战国期间曾有一个叫貉稽的人去拜访孟子，他跟孟子提到自己总让人责怪，被人说成坏人。孟子听完以后回答得很干脆："无伤也，士憎兹多口。"孟子所说的"无伤"，他的意思其实就是没关系。

孟子为了给他解释，举出了《诗经》中的例子，《诗经》中有两句话的意思是不在乎他人的抱怨和责备，也不去让自己的名声消亡。孟子举这个例子是为了佐证自己的观点，他们都认为这毫无关系。孟子明白，别人的流言蜚语和自己没有太多的关系，坚持自己，就不要去太在乎他人说的话和对自己的指责，更别总用他人的是非非来烦扰自己。

山水之间，真趣盎然

茶不求精而壶亦不燥，酒不求冽而樽亦不空。素琴无弦而常调，短笛无腔而自适。纵难超越羲皇，亦可匹俦嵇阮。

译 文

喝茶的话只要保证茶壶不干即可，不一定要很高级的茶叶才行，喝酒也是如此，只要酒杯不干就好，不一定是最甘冽的美酒。即便是没有琴弦的琴也能演奏出最美妙的乐章，短笛即便没有音调也能奏出让人心情舒畅的音乐。若要赶上伏羲那般淡泊名利的话非常困难，至少也应该同阮籍、嵇康一般潇洒飘逸。

解 析

中国古代有太多的田园诗人，他们沉浸在田园山水之间，吟诵山水田园之风光。北窗高卧的阳沈明总是在和风的吹拂之下自抚无弦琴来给自己消遣，甚至还说自己是"羲皇上人"，在他看来伏羲不算什么，自己是比伏羲更为古老的贤人。南北朝时期的竹林七贤，其中的嵇康和阮籍都乐于在山林泉石之间清谈，且在其中自得其乐。在大自然的清静当中，大自然的乐趣给他们带来了最纯真的状态。

随缘素位，任凭自然

释氏随缘，吾儒素位，四字是渡海的浮囊。盖世路茫茫，一念求全，则万绪纷起；随遇而安，则无入不得矣。

佛家讲究万事随缘，儒家的观点则不同，他们提倡的是人要恪守本分，在佛教的理念里，"随缘素位"四个字是渡过人生苦海的宝船。人生路本就漫长，看不到尽头，有一个能够求得尽善尽美的念头的话，那就不会备受各种纷乱的侵袭；倘若能顺其自然、随遇而安的话，那不论在哪儿都能享受怡然自得的自在。

佛教提倡随缘，人行事切勿以自己的意志来决定，如果任凭自己的意志去一意孤行的话，显然是成不了事的。而在儒家的理论中，也提倡"素位"，不过这里所说的"素位"和佛家理论并不全然相同，它指的是君子恪守自我本分，心无杂念，不贪求功名利禄，只在自己所处的环境中感到满足就好。这就是儒家所说的"素位"。二者说法虽不相同，但从内涵上来说还是彼此相通的。随遇而安的人更容易感受到现有环境给自己带来的快乐，而对现在环境总是满腹牢骚的人最终只会害人害己。诸事随缘，本不是消极的念头，是个很积极的生活态度。俗话说："强扭的瓜不甜。"遇事总是强求的话，结果并不一定是自己最想要的。不如好好地去等待合适的时机的到来，在最好的条件下促成此事。

十一月

心量大，境自宽——有容乃大养豁心

古语有云："心宽体胖。"林则徐有句名言也提到"海纳百川，有容乃大"。显然，容因量大而大，人心若是豁达，眼界自然就宽了，境界也随之提升。为人自然是要谨小慎微，但做事却要度量宽大，这才是通达事理者所为。

良药苦口，忠言逆耳

耳中常闻逆耳之言，心中常有拂心之事，才是进德修行的砥石。若言言悦耳，事事快心，便把此生埋在鸩毒中矣。

 译 文

耳边常有不中听的话，心中常有不顺心的事情，这都是激励自己修身养性的最好方法。耳边如果听到的都是很中听的话，遇到的事情事事顺心的话，那自己的一生无疑已经葬送在鸩酒一般的毒酒中了。

 解 析

《孔子·家语》中有一句很经典、很有名的话，那就是"良药苦口而利于病，忠言逆耳而利于行"，这句话几乎是妇孺皆知，道理很是浅显，很多人心里也都明白，只是真正能做到的人却少之又少。良药苦口，忠言逆耳，自古都是如此，那些不那么中听的话才是最有价值的。要是一个人在听到身边的人对他提出忠告后很是厌恶的话，那他确实没有认识到这些劝诫的真正意义。这些听起来不中听的话实际上是鞭策自己、反省自己、维持自我美好品德的最有力的工具。有他人赞扬自己，切勿因此就变得轻浮，总沉浸在自我陶醉当中的人很难有积极向上的动力和精神。人生在世不如意之事本就常居八九，这就说明人生路上逆境要远比顺境更为常见，各种不同的逆境和痛苦不论是谁都要经受。只可惜世间太多凡人总喜欢听那些好听的话，不明白忠言逆耳的道理，一有不中听的话就拂袖而去。这和孟子所说的"天将降大任于斯人也"那样一番磨炼差别太大，若是没有了这番磨炼的话，又怎能去成就大业呢？

心胸宽广，恩泽绵延

面前的田地，要放得宽，使人无不平之叹；身后的惠泽，要流得久，使人有不匮之思。

译 文

为人心胸要宽广，与人相处时也要处处为善，不能让人有了不平的遭遇而发出感叹或是产生怨恨之情；死后给后人留下的恩泽要流传久远才行，这样才能激起他人对自己永远的怀念。

解 析

百丈和尚有沩山、五峰、云岩几位弟子，一次这几位弟子依次站在师父的身边，准备向师父讨教。按照惯例，百丈和尚第一个问的一定是自己的高徒沩山："你先说说，扼住咽喉与嘴巴该怎么解释？"沩山接到师父的问题后急忙说："不如师父先给我做个示范吧！"很显然这个反问很是精妙，可见沩山已经早在师父提问之前就把问题给参悟了，否则如此有智慧的回答是不会出现的。禅学中把这种应答和解释的方式生动地称为"骑贼马追贼"。问完第一个问题之后，百丈接下来开始解释说："这本是我分内的事情，我是应该给你解释的，只不过我要是这时候就解释的话，那只怕是要断子绝孙的。"这里百丈所说的断子绝孙不是平常大家理解的意思，而是对这些弟子表示了担忧。他害怕自己把所有问题都解释清楚之后，这些弟子就会不求甚解，不再继续努力探究佛理，从此以后在禅宗的修行上就没有太大的长进了。想到这里他还是觉得自己不说比较好。五峰听完百丈的问题之后，针对百丈的问题他做出了以下解释："如此说来，师父定是得扼住咽喉的说法了。"五峰的这句回答同前面沩山的精巧反问一样，用的都是"骑贼马追贼"的方式，只不过如此一说，对于百丈的回击更有力量。相比之下，五峰的回答没有沩山的反问沉着淡定。光凭这一点就说明了五峰的修为程度不如沩山了。百丈听完五峰的回击之后，说："你的修行确实不如沩山，尽管你已经参透了禅机。他们习惯了用手挡在自己的额头上，远观一下就会离开，这些人你必须敬而远之。"百丈的话没把事实全然点破，只是说了一半。最后一个回答的是云岩，他的解释是这样："方才师父说的问题是有时扼住咽喉、唇，那一定有时候就不扼住了？"云岩的这番话就暴露了他仍旧是禅门中所说的"无眼子"，尚未参透佛理。百丈和尚听完以后就启示云岩说："云岩啊，你这修行实在是可怜得很，如果还一直这样的话，我这禅门定是要断在你手上了。"前两个人参悟的区别仅仅是方式、程度上的，真正未参悟的人就剩下云岩了，心仍在尘世间，也难以给后人留下福泽。

宁让三分，一世安乐

径路窄处，留一步与人行；滋味浓时，减三分让人尝。此是涉世一极安乐法。

在那些狭小的小路上，无论如何都要给他人留下一点过往的空间；在享用美味可口的食物时，无论如何都要考虑留下一点给别人品尝。这就是安身处世的快乐之法。

俗话说"狭路相逢勇者胜"，事实上并非如此。在一个狭小的通道里，两个人同

259

时要过，这件事情很难完成，如果两个人都抢着要过去的话，对两个人来说势必都是极其危险的。最佳的方式应当是其中一个人能够先停下来，礼让他人先过，这才能保证两个人的安全。古人说："独乐乐不如众乐乐。"身边有甜美的食物的话，一定要想到和身边的人一起分享，想想周围那些不如自己的人，这样的话可以省掉很多因为忌妒而产生的灾祸。事实上为人处世要做到的就是留一步，让三分，谨慎小心地处世才会培养出礼让、谦和的品德，这样能为自己减少众多的风险，寻求内心的安宁。不管是谁，生活中、工作中都先考虑一下相互谦让，就可以给身心带来更多的愉悦。

退一步为高，让一分为福

处世让一步为高，退步即进步的张本；待人宽一分是福，利人是利己的根基。

为人处世最高明的做法就是要学会让人三分，退一步海阔天空，退让并非不进，而是在为进做准备；待人接物最高明的做法就是要学会宽容待人，要先想到利人，才有方便自己的可能。

上古时期，居住在邠地的古公亶父部落为自己总是受到附近狄人的侵扰而感到很是困扰。狄人最初来犯的时候，亶父和他的部落里的人就会拿出自己的皮裘和丝绸给狄人，以免其再犯。不久之后狄人再犯，亶父和他的部落里的人就只能交出良驹，亶父唯一坚持的一条原则就是以不抵抗保持和平的方式。坚持不暴力的方式，并非亶父自己的部落实力太过弱小，无法与狄人抗衡，只是因为亶父并不愿以武力相争。几次三番过后，狄人仍旧一而再，再而三地进犯，这时候亶父才明白了狄人的意图所在。

于是，亶父召集了部落里的长老们一同协商如何抵御狄人，亶父说道："狄人进犯无非要的就是我们的土地，而土地对我们部落的人来说是最重要的资源，没有了土地，部落里的人就缺少了发展的基础。可是我们不能因为要守住这片土地就要放弃部落里人们的安全，我的建议是大家从这片土地上迁走吧。"几位长老都同意了以后，亶父就放弃了原本的土地，把自己的部落迁到了岐山。这么一来不但免除了狄人的祸患，还保存了自己的部落，更是在岐山发展壮大了自己的基业。

邪念害心，臆断障道

利欲未尽害心，意见乃害心之蟊贼；声色未必障道，聪明乃障道之藩屏。

译文

当追求名利的欲望未得到满足的情况下，就会利欲熏心，真性情就会受到损害，真正最伤本性的应当是那些刚愎自用或是自以为是所产生的偏见，那才是侵蚀人心的大害虫；沉迷于声色奢靡之间自然会影响人们对真理的追寻，但真正阻隔人们追求真理的屏障应该是聪明反被聪明误的无知之人。

解析

人的道德修为首先要避免的就是主观臆断，防止自己盲目进入思维的盲区，这种坐井观天的方式很容易让人们有刚愎自用、自作聪明的现象产生。常言道"酒不醉人人自醉，景不迷人人自迷"，这句话听来简单，内涵却很是深刻。外界的诱惑多种多样，譬如名利，譬如欲望，等等，无一不对人们的意志产生考验，一般来说这些在意志坚定的人面前是不起任何作用的。世间的声色犬马让很多人堕入了欲望的深渊，独独那些"出淤泥而不染"的人才会在各种诱惑中继续坚挺。

以直报怨，以德报德

觉人之诈，不形于言；受人之侮，不动于色。此中有无穷意味，亦有无穷受用。

察觉他人在欺骗自己的时候，不要用语言来把自己的不满表露出来；受到他人的侮辱的时候，不要把自己愤怒的情绪表露在脸上。这样处事有着无穷的深意，还会让自己的一生因此受用不尽。

儒家的代表人物孔子一向都主张中庸，认为不论是为人还是处世都要通情理、明法度，所以他提出要"以德报德，以直报怨"。《礼记·檀弓》一书曾记载过这么一个故事。子夏向孔子询问："若是有了父母之仇该如何处理？"孔子回答："那就干脆本着不共戴天的意志，手上拿着兵器，睡着草席垫子，路上遇到了仇人就立马袭击对方。"子夏接着问："那如果是有了兄弟之仇该怎么处理？"孔子回答："那就不要和他居住在同一个国家，若是在不同的国家碰到了对方，就不要对他客气，前提是不能有公害发生。"子夏又问："那如果是堂兄弟之间或是朋友之间呢？"孔子接着回答："要是自己不出头的话，那么如果有人能为自己出头也要在后面相助才是。"上面的这几个回答已经很清楚地表明了孔子以直报怨的意思了。

锄奸杜佞，勿追穷寇

锄奸杜佞，要放他一条去路。若使之一无所容，譬如塞鼠穴者，一切去路都塞尽，则一切好物俱咬破矣。

译文

要彻底铲除所有奸佞小人的话，要放对方一条生路，尽量给对方一个改过自新的机会。如果只是一味地把他们逼上绝路的话，就好比是鼠穴被堵住了，在洞穴里的老鼠被堵得一点出路都没有的时候，只好咬破所有东西，不论好坏。要想铲除杜绝那些邪恶奸诈之人，就要给他们一条改过自新、重新做人的路径。

解析

为了避免困兽负隅反抗，垂死挣扎，最常见的方式就是一路穷追猛打。实际结果却并非如此，真正要防止困兽之斗，要做的应该是"穷寇勿追"，否则很容易适得其反。但也不是说不能痛打落水狗，恶人正是有令人憎恶的地方所以才要打，若是一味地原谅的话，那只会让恶人趁机会逃脱责罚。应该说，具体问题具体分析是很有必要的，不同的恶人应该用不同的方式去惩罚。现实当中，好人与坏人之间都不是绝对的，在一定的情况之下二者是可以转化的。只因为世间的万物常常是彼此制约的，相互制衡之下才得以生存。因此凡事都不能做得太过绝对，如果这样的话，善恶就都不成立了。因此在面对恶的时候要注意方式方法，除恶的方式不一，例如可以只剔除恶处，或是直接快刀斩乱麻，有些可以听其自生自灭，有些则是要极力地挽救等，都在实际情况的基础上加以区别对待才行。对事如此，待人更应该如此。

谨德须入微，施恩不求报

谨德须谨于至微之事，施恩务施于不报之人。

人要谨慎对待自己的道德修养问题，特别是要关注那些细微之处，施予他人恩惠时，最应该施予那些无法给自己回报的人。

《论语·乡党》一篇中曾记录了很多孔子生平的言行举止，他恪守自己的本分，谨言慎行，不贪、不骄、不苟且、不放肆。这些故事尽管发生在几千年前，但现在看来还有很多有意义的参考价值，对现代人为人立世也有很强的借鉴意义。其中包括孔子与乡亲邻居相处的方式，通常都是和颜悦色，表现得很是随和，就感觉整个人都非常谦虚一般。孔子从不在自己的乡邻面前表现自己在道德和学问方面高人一等，而是把自己的位置放得很低很低。即便是入朝觐见，孔子也始终表现得很是小心谨慎，只有当事实关乎道德是非问题的时候，他才会大胆地发表自己的真知灼见。《礼记·曲礼》也提到了很多孔子在行为上符合礼法的行为举止。孔子很提倡在公众场合必须遵守社会公德和礼法，先照顾到他人的感受，再去考虑自己。

勤者敏德，俭者淡利

勤者敏于德义，而世人借勤以济其贫；俭者淡于货利，而世人假俭以饰其吝。君子持身之符，反为小人营私之具矣，惜哉！

勤勉之人一般对自己的道德水准和义理都非常地敏感，只是世人都会以勤勉作为借口来逃避贫困这个问题；通常生活俭朴的人都对金钱财物很是淡漠，可是世人都会借用俭朴为借口来掩饰自己的吝啬。君子安身立命的标准，有时却成为了小人谋取一己私利的工具，这实在是太让人觉得惋惜了。

　　那些总是大肆张扬的人，常常都能和欺瞒牵上一定的关系，他们总是欺骗善良人。世间很多事情确实如此。古有两把宝剑"干将"和"莫邪"，宝剑若是到了名将手中，就能成为保卫国家、保卫民族、保护人民的利器，倘若落入了不善之人的手中，就很可能会演变为杀人的凶器。很显然，事物的效用取决于掌握它的那个人，善良的人合理地运用它的话自然就会趋利避害，恶人掌控它只会因为内心道德素质差而引来不利的结果，哪怕是再好的东西都会给他人带来巨大的危害。

天性自存，一等境界

　　田父野叟，语以黄鸡白酒则欣然喜，问以鼎养则不知；语以温袍短褐则油然乐，问以衮服则不识。其天全，故其欲淡，此是人生第一个境界。

　　田间劳作的山村老农夫，一旦问到珍馐佳肴的时候他们总是茫然不知，只有讲到黄鸡、白酒的时候才会表现得很是兴奋高兴；一旦问到富贵华服的时候他们总是表现得非常陌生，只有在谈到粗茶淡饭、麻布粗衣的时候他们才会感觉自然快乐。他们保全了自己的天性，只因为他们淡泊名利和欲望，这便是人生中的第一等境界。

解 析

《庄子·马蹄》曾记载了一段庄子的言论，很是发人深省。庄子说道："凡国家中的平民百姓都带有自己天然的本性，而且这种本性不轻易发生变化。这一切源于他们简单的生活，男耕女织，日出而作，日落而息，这是人的自然习性和社会习性所导致的。任其自然就是要让人们的思想和行为都顺其自然发展，不要有一点私念掺杂其中。上古时期，人们的行动依照自然规律和原则，保留了人类最基本的天性，他们的心里很专一，不曾有一丝的杂念。那个时候交通不发达，文明不发达，众多的物种生活在一起，和平共处，一切都顺着自己最自然的发展规律生存着。人类就是在这样的一个环境当中和其他生物和谐共处的，自然也就不会有君子和小人之分，因为所有人都保存着完整的天性。那个时候人们没有私欲，没有更多、更复杂的念头，只有本能和天性，这就是素和朴最初的意思。"

心旷者豁达，心隘者谋小利

心旷，则万钟如瓦缶；心隘，则一发似车轮。

译 文

有了宽阔的心胸，哪怕是再多的财富，对于他而言就好比是盛酒的瓦器一般不值钱；相对而言，心胸狭隘的话，哪怕是一根很小的头发，在他们眼中也像车轮一样沉重。

解 析

心胸宽广之人一向都淡泊名利，不会太看重功名利禄，即便是万贯家财对他们而言也没有太大的诱惑，只不过是行事的资本罢了。换作那些心胸狭隘的人，一点点的琐碎小事都会被他们视为天大的事情，就好比是守财奴一般追名逐利，守着自己仅有的那一点点财产，那副可怜的样子真的是让人看着就感觉十分厌恶。所以在道义面前必须要十分豁达才行，金钱财物乃身外之物，什么时候都可以拥有，失去也不要太过唏嘘。只有这样才是真正豁达之人。

自我驭物，欲念在天

地风月花柳，不成造化；无情欲嗜好，不成心体。只以我转物，不以物役我，则嗜欲莫非天机，尘情即是理境矣。

天地间的造化要是没有清风明月、鲜花树木，也就不成天地了；人的本性要是没有七情六欲的话，那就不成完整的人了。不要被外物控制了自己，应该是由自己来控制身边的所有事物，所有的欲望爱好其实都是天机使然，也就是说所有一切的尘世俗情都包含着天理的境界。

元代著名诗人王冕在自己的《墨梅》一诗中写道："不要人夸颜色好，只留清气满乾坤。"可见，古代贤人对于内心之清的向往。俗话说"豹死留皮，人死留名"，很显然不论是古代人还是现代人，唯有珍惜自我名誉才是重要之事。贤者自清，则天地自宽，生命永恒。

长久以来，人们印象中心中自清的理想状态是"和气祥瑞，寸心洁白"，要达到如此高的境界应该怎么做呢？列子和关尹曾有一段话或许能说明这个问题。有一天列子问关尹："道德品质至高无上的人在外物中潜行却未有一点障碍，在火中行走却没感觉到灼热感，在很高的地方行走却一点没感觉到害怕，是什么原因让他们能做到如此无畏无惧呢？"关尹回答："答案很简单，只因为他们心中的和气，这气同智慧、果断、勇敢的关系不大。让我好好为你解释一下，所谓物，世上有形象、有色彩、有声音的都可以叫作物，可是为何彼此之间有那么大的差异呢？最主要的差异在什么地方呢？很显然是外在的形态和颜色，等等。试想一下，要是有一种物体无色无味、无声无形的话，那又怎么能判断它呢，又怎么和其他事物进行区分呢？这样的物就会处在不过分的地位，始终在无止尽的循环当中，漫游于起点和终点之间。这放在人身上的话，就是保持了和气之人，他们的行动来自于自然，合乎自然，与天地之间万事万物的天然形态彼此相通。如此天性，外物怎能伤得了他呢？"

修炼内心，使得内心祥和，有瑞气，自然可以闻到生命的芬芳。

恩怨分明，恕人克己

我有功于人不可念，而过则不可不念；人有恩于我不可忘，而怨则不可不忘。

对他人施予恩惠，却总不挂在嘴边，或是记在心里，若是做了什么对不起他人的事情，却一定要记得清清楚楚，牢牢记在心中；他人帮助了自己的话，千万不能忘，一定要将他人的恩惠记在心中，要是他人对自己有过失的话，一定要及时忘掉他人的过错。

大凡有修养的人，对待他人和对待自己都有一定的方式。首先对待他人的恩怨有着很明确的区分，待人的前提一定是恕人克己，这比起那些普通人来说更是高尚。而有些人的做法则是记仇多于怀恩，对于他人的过错睚眦必报，对于他人的恩惠则是能忘则忘，也就因为如此，才有了"忘恩负义"、"恩将仇报"、"过河拆桥"这些词汇。古人对于君子的要求先是要待人"以德报怨"，这种"滴水之恩，当涌泉相报"的优良传统从古传到了今，很多人还在遵循此做法。做人先从他人的角度为他人考虑，再去思考个人的得失，不总是跟他人斤斤计较才是最基本的君子风范。

明暗之间，光明磊落

心体光明，暗室中有青天；念头暗昧，白日下有厉鬼。

心地坦荡之人才能见到隐秘之处的青天白日；心中暧昧不清的人即便是在光明正大的情况下也会看到阴森恐怖的厉鬼。

解析

天地造物，顺应自然规律而成型。那些内敛的情感因为少了思虑之后，就会让内心感到快活无比。天人合一，就是要将心中那一块净土守住，保留那一点灵气去和外界进行沟通，让内心和外在的大自然有机统一。如果做到了这一点还不断地有灾祸降临到自己头上的话，那就不是人为的过失，而是自然安排的了，而这些都不足以能扰乱人的本性。想要真诚地表露自我却不合时宜，情感自由却不能任由情感外露，在这样的情况下，一旦有外在的侵扰就很难把烦恼抹去。无论是谁，只要是在众目睽睽之下做了不好的事情，大家都会责罚他、谴责他；要是做了坏事，自己认为是神不知鬼不觉的，那也会有别人去惩罚他。所以不论是众目睽睽或是在暗处都要光明磊落，这才是真正的清白于人世。

厚德载物，雅量容人

地之秽者多生物，水之清者常无鱼。故君子当存含垢纳污之量，不可持好洁独行之操。

译 文

藏污纳垢之地就会滋生很多的细菌，太过于清澈的水里就不会有鱼虾生长。所以说，君子要是培养自己的品行的话，就应该有一定忍耐污垢之物的度量，绝不能只是一味地自视清高或是孤芳自赏。

解 析

一个人的气量和他的品德修养有很大的关系，但某些保持着纯真本性、有着很高修为的人却很难有容他人不足之雅量。这是因为他们本身对自己的要求非常高，对他人的标准也就自然而然地变高，推己及人的情况下就难以包容他人的不足。过于孤芳自赏的人就会把自己和身边的朋友都孤立起来，也就谈不上朋友为自己两肋插刀。世间的事情本就谈不上什么绝对的，即便在这一刻看起来是不足和缺陷，可能换个时间、换个空间就会发现不足和缺陷已成优势。所以一个人要学会包容，包容一切清浊。想要成就一番事业的人更是应该如此，要学会容他人的不足和缺陷。实际情况当中，要容忍小人确实有很大的困难，但从大局的角度去考虑，君子就要有"厚德载物，雅量容人"的胸襟，要学会谦让，而容人本身就是另一个层面的谦让。

立身严谨，用心忌重

士君子持身不可轻，轻则物能扰我，而无悠闲镇定之趣；用意不可重，重则我为物泥，而无潇洒活泼之机。

正人君子做事一定不能太过浮躁，要把持住一定的原则，要是做人处事过于轻浮，不够严谨的话，就容易受到外物的烦扰，自然也就会失去悠闲宁静的趣味；用心也不可过于执着，过分执着的话就会为外物所拘泥，也就会很快失去自在潇洒的趣味。

做人的原则一定要坚持，也就是古人所说的持身不可轻，而用心的话则不能太过于执着，这就是古人说的用意不可重，从这一轻一重当中就能发现对人性格的磨砺。杨朱曾说过："天地之间的阴阳变化在人身上都能找到近似的地方，人身上也有五行的禀赋，这要比其他的生物来得更加的灵敏。譬如说人有自己的手脚、牙齿，但比起其他生物来说不论是手脚还是牙齿都不足以防御外敌，而人的肌肉皮肤更是比不上一切野外的猛兽，很难靠自己的皮肤肌肉来抵御外界的侵害，更别提什么用羽毛来御寒了。可是人却可以比其他的生物更好地生活在天地间，他所依靠的便是外物，人类的生存靠的是智慧而不是力气。人之所以能生存，是因为人的智慧。尽管力量比不上其他生物，或是侵害其他生物的能力也不如其他生物，但这些都比不上人的智慧。只不过人的身体非自己所有，即便存在也不能保全，外物也非自己所有，即便存在也断然不舍得抛弃，这两者都是生存的最基本条件。要保全自己的生命，却不能让身体自我所有；要保全外物，却不能霸占那些外物。真正能做到这两点的或许就只有最圣贤的人了吧。在他们的眼里所有天下之物都是共有的。这也就是顶天立地的大丈夫才有的境界了吧。"

发思古幽情，入自然怀抱

交市人不如友山翁，谒朱门不如亲白屋；听街谈巷语，不如闻樵歌牧咏；谈今人失德过举，不如述古人嘉言懿行。

与其和那些市井小人来往，不如和山野之间的老翁交朋友；与其总是到那些富贵人家拜访，不如去和那些平民百姓一起清静一下；与其总在听街头巷尾传说的是是非非，不如好好去听听山野间的樵夫或是牧童吟唱；与其去谈论当下的人有多少失德的举动和行为，还不如多多去歌颂一下古代圣贤之人美好的行为举止。

古人认为，人生的一大乐趣就在于发思古之幽情，入自然之怀抱。很多文人骚客、士大夫阶层都认为闲来听听山野泉林之间的渔翁或是樵夫唱歌，再和世外隐居高人谈天说地，这便是人生最高的追求，古人常说的修身养性其实也不过如此。要是身边所结交的朋友皆是一些粗鄙的市井小人，天天听到的事情势必都是一些和蝇头小利有关系的事情；如果自己天天都奔走在豪门之间的话，那一定会受到功名利禄的诱惑，也时常会目睹残酷的权势之争；倘若自己总是和他人谈论一些街头巷尾的琐事的话，心也就很难静下来。人生活在社会当中，自然是逃不开世事，只不过要有所修为的话，就要摆脱尘世间琐事的烦扰。

心虚意净，明心见性

心虚则性现，不息心而求见性，如拨波觅月；意净则心清，不了意而求明心，如索镜增尘。

心中毫无杂念、清净无物的情况下，人纯真的本性就会显现，如果总是在纷纷扰扰中难以心静的话，即便是费心去寻找纯真的本性，也好比是在水中拨开波浪拼命去捞月亮一般，最后只能是一场空；意念清静之人内心也就随之变得很是清静无比，不了解自我内心的人要费心去让内心变得清静，无疑就像是在已经落满了灰尘的镜子上面又涂上了一层灰。

大彻大悟便是在心虚意净当中发现自己最本真的面目，看到自己的本性。人的一切行为举止都是在本性的操纵下完成的，而要找到本性是如何的，只有抛弃了所有杂念之后才能清晰地看到。一旦有是是非非、善恶忠奸等念头缠绕在心头的时候去追寻人的本性，那就好比是雾里看花一般，看得不周全。所以对于普通人而言，修身养性也需要做到心虚意净。

兼收并包，成人之美

持身不可太皎洁，一切污辱垢秽，要茹纳得；与人不可太分明，一切善恶贤愚，要包容得。

为人若是如天空中的月亮一般皎洁，那便是过于清高，应当要容忍所有世间一切美丑之物，能包容各种污浊、屈辱、丑恶之物；待人的话则不能太过计较，善恶忠奸均要理解包容。

解 析

每个人都有自己的个性，正是与他人不同才成为了一个个独立的个体，但是人和人之间又不可能彼此孤立，他们之间是彼此联系的这才有了整体。有些人天生就是小肚鸡肠，容不下他人比自己好、比自己强，总是用各种挑剔的眼光去看待他人，甚至在他人背后说三道四，这种人就好比是一锅粥里的老鼠屎，会破坏一个整体。只有那些能容人之过且不夸耀自己的能力，尽心尽力去帮助他人的人，才是这个整体当中最为坚实的基础，无论放在什么地方都能稳固这个整体。孔子说成人之美，说的便是后一种人。

君子立世，中庸之道

处世不宜与俗同，亦不宜与俗异；作事不宜令人厌，亦不宜令人喜。

处世不能和世间凡人一般趋同，以免陷入庸俗之中，更不能标新立异；做事也不能总是招来他人的厌烦，更不能委屈自己只为讨好他人。

为人做事有适当的尺度，要把握好这个尺度不但需要一定的智慧，还要有较高的道德水准。普通人都需要累积丰富的人生经验才能实现这一点，而这些也都需要从小的细节做起。首先，不与世俗同流合污，也不去屈服于世俗的功名利禄，更要避免和小人在一起。其次，要避免标新立异，故作清高之人很容易被人排挤，人们会认为那些刻意同自己保持距离的人比较怪异，但哗众取宠也非最佳的做法。君子立世应当保持自己的真性情，同时又体现出各方面的美德。切记事事都要把握一定的尺度，过犹不及。

仁爱宽舒，福厚庆长

仁人心地宽舒，便福厚而庆长，事事成个宽舒气象；鄙夫念头迫促，便禄薄而泽短，事事得个迫促规模。

仁义博爱的人通常都是心胸宽阔之人，正是宽广仁厚这才能福泽绵长，做事都能有宽大仁慈的气概；粗鄙之人通常都是心胸狭窄之人，这种人就很难有绵长的福泽，凡事都表现出目光短浅的特性。

一般来说，那些宽容仁爱之人都敬重天地，遵循自然规律，心志宽广。而那些心胸狭窄的人就会逃避礼法。古人云，智者通常能明事理，处事时能触类旁通，即便是智慧闭塞，却也可以敬重礼法。只是此类人被重用之时，一般都会表现出毕恭毕敬的态度，断然不敢造次，即使是未被重用，他也会表现出该有的谦虚和庄重。通常在心情愉悦的时候，哪怕是办一件小事都会和颜悦色，心情不好的话也会静静地守候着等待机会。地位显赫的时候，明事理之人就会态度文雅地说明事实真相；身处低位的时候，语言相对简单明了，一切只以阐明事理为目的。相比之下，缺乏涵养的人并非如此，顺境之中他们会显得傲慢粗暴，逆境之中他们会利用自己的势力来互相倾轧。这就是有涵养和没涵养的人之间的区别和差异。

胆大心细，百福自集

性躁心粗者，一事无成；心和气平者，百福自集。

个性急躁粗暴的人，注定是一事无成的；心平气和的人，才会有各种好事落到他的头上。

《大学》中有一句很经典的话："定而后能静，静而后能定，安而后能虑，虑而后能得。"这句话里提到了"定、静、安、虑、得"五个字，其实是用来劝诫人们在正常的生活当中保证心平气和，遇事要淡定。心平气和的人才会把问题考虑得很全面，在困难和挫折面前不致莽撞，以免出现不可应付的问题。只要有一点点杂念，心就很难静下来，在问题面前容易急躁，缺乏深思熟虑，事情就很难办成了。有古训："智欲圆而行欲方，胆欲大而心欲细。"如此这般的修为就是为了把人磨炼成胆大却心细的人才，否则将会一事无成。做人如此，待人更应当如此，冷静且细致地去面对所有的人际关系，自然不会有烦恼出现。

君子三畏，宽容世人

大人不可不畏，畏大人则无放逸之心；小民亦不可不畏，畏小民则无豪横之名。

译 文

地位显赫且道德高尚的士大夫自然是要敬重的，对他们表示敬仰的话，就不会产生放纵轻浮的想法；对普通的平民百姓也不能没有敬重之心，如果敬重他们的话就不会因此被扣上强取豪夺的恶名。

解 析

孔子说过："君子有三畏，畏天命，畏大人，畏圣人之言。"孟子说过："民为贵，社稷次之，君为轻。是故得乎丘民而为天子，得乎天子为诸侯，得乎诸侯为大夫。"这两段话当中都把中国社会中不同阶层的人进行了等级的划分，而且将不同等级间、不同阶层间的人群关系进行了简要的阐释。在他们的观点里，古代的知识分子非官非民，介于官民之间，这是个最特别的阶层，称为士。孔子提到要畏大人，畏惧的应当是那些道德名望高的人，不仅仅是那些官职地位高的人。敬重那些人的目的在于加深自己的修养。而上文中提到的畏小民，则是指要对普通的平民百姓有宽容的态度，横行霸道的人则是自我素养太低的人，也很难成就一番事业。

明心见性，通达事理

胸中即无半点物欲，已如雪消炉焰冰消日；眼前自有一段空明，时见月在青天影在波。

心中要是一点物欲都没有的话，那心中原本的烦恼就会如同在太阳下融化掉的冰雪一般全然消散掉了；眼前要是一片光明开阔的环境的话，就会时常见到天上那轮皎洁的明月倒映在水中的影子了。

人们内心的真性情会因为有着强烈的欲望而被蒙蔽，甚至会因此而变得头脑不清晰，难以判断事情的是非曲直。所以说，只要能排除掉心中的所有欲望的话，就可以更清楚地明白事理，心情也会因此变得轻松很多。上文提到心境自然的人能见到"月在青天影在波"，也就说明了排除了欲望的人，不但可以明心见性，还非常通情达理。宋代的周敦颐说："无欲则静，静则明。"可见所有的静，并非外界静，而是内心静，唯有心底清静的人才会发现自己的本性，发现了本性才会感受到愉悦，即便是看到周围的事物也会有山水明、日月新的景象。

这里所说的排除掉内心的欲望，根本的问题是在于要排除掉内心对于物欲的强烈贪念，而不是说一点点物欲都不可以有。一旦沉溺于物欲当中，人就很可能为物欲所控制。比如饮酒本身并无坏处，如果好好地品酒也会是很高雅的君子行为，可是假如是那些光着脊背酗酒的人，大声喧哗的话，那就是市井小人所为。再比如作诗本身是件可以抒发自我情绪的雅事，但若为了作诗而作诗，故作呻吟的话，那就是对诗的亵渎，也把诗变成了一件很俗的事情。

得道自然，诗兴自发

诗思在灞陵桥上，微吟就，林岫便已浩然；野兴在镜湖曲边，独往时，山川自相映发。

译 文

要是在灞陵桥上激发了自己的诗兴，稍不留意就吟诵出了几句很优秀的诗句，哪怕是远处普通的山峦看起来也很有诗情画意；在镜湖曲边独自一人漫步的时候，突然有了兴致，哪怕是近处看到的山川也会让人陶醉不已。

解 析

唐代有个很善于写诗的人叫郑启，有一次有人问他："不知道相国近日有没有什么新的作品问世？"他听完答道："只有在灞桥的风雪当中才会诗兴大发，我如今在驴子的背上又如何会有新作呢？"郑启的话说得很是有理，众多古代的文人骚客也都这么认为，只有大自然的熏陶才能激起大多数有天赋的诗人的诗兴。庄子曾在自己的《知北游》中说道："知道的人不会说，说的人通常都不知道，圣人的教育一般都不通过言语途径。可以传播的道一般是不依靠言语来传播的，德也是如此，绝不是一次两次谈话就可以获得。偏爱和作为之间没有必然的关系，道义本身也存在残缺，而所谓的礼仪不过就是彼此互相欺骗罢了。因此，'失去了道才会得到德，失去了德才会获得仁，失去了仁才会感受到义，失去了义最后才懂得礼。这世界所谓最能够伪装道的罪魁祸首就是礼'。也就是说，'每天都在为自己清除粉饰的人才是真正已经理解了道的人，一再地去清除这些的话才能进入无为的状态，进入无为状态之后才能成为一个无为的人'。哪怕对外在事物有一点点行为，就别想回到无为的状态，这难度太大了。唯独真正得道之人才能做到这一点吧！"

厚积薄发，大器晚成

伏久者飞必高，开先者谢独早。知此，可以免蹭蹬之忧，可以消躁急之念。

译文

潜伏了太久的鸟会飞得很高，开得最早的花儿就最早凋谢。要是知道了这个道理，就可以避免自己因为怀才不遇而忧愁，也可以消除自己急功近利的念头。

解析

事业心很强的人，时机是成就其事业的最佳推力，所以必须要等待时机。儒家思想中提及的处世原则中有一条很经典，说的便是"穷则独善其身，达则兼济天下"。当下的处境倘若不那么顺利的话，绝不能因此而失去信心，必须要瞅准时机、等待机会来成就自己的事业，绝不能因此就消磨了自己的意志。从古到今，有少年英雄，当然也会有大器晚成的英雄。尚未成功就一再地苛求自己要在众人当中崭露头角的话，不但不能成就事业，还有可能因为自己的急功近利而患得患失。

繁花落尽，万事皆空

树木至归根，而后知华萼枝叶之徒荣；人事至盖棺，而后知子女玉帛之无益。

译文

任何花草树木只有到了凋谢枯萎的时候，才会明白曾经的枝繁叶茂或是花开灿烂不过是过眼云烟；人只有到了盖棺定论的时候，才会知道生前追求子孙满堂、财富丰盈其实都是徒劳无功。

常言道"临事利害，遇事变，然后君子之所守乃见也"，又有"一死一生，乃见交情；一贵一贱，交情乃见"。常有之物人们定不懂得珍惜，只有在经历了严厉的考验之后，事物发生了大的变故，原本的状态才会让人感觉珍贵。事物非常在，要有平常心珍视所有的一切。

不惧多病，独忧无病

泛驾之马可就驰驱，跃冶之金终归型范。只一优游不振，便终身无个进步。白沙云："为人多病未足羞，一生无病是吾忧。"真确论也。

译 文

在原野上奔驰的野马在人的驯化之下就可以为人们所用，成为人们胯下的良驹，那些溅到熔炉外面的金属，最后还是会被放到模具里头成为人们手中的可用器皿。一旦人要是变得游手好闲、不思进取的话，那这辈子都不会有什么太大的进步了。白沙先生曾经说过："一个有众多缺点的人并不可耻，最可怕的是一辈子都看不到自己缺点的人。"这话意味深长，很是经典。

解 析

胸有大志且追求高远的人，哪怕有再艰难困苦的磨炼也打不垮他。欧阳修曾经说过："忧劳可以兴国，逸豫可以亡身。"这句话就说明了要立大业者，先要在艰苦困难的环境中磨炼自己的心性，这样才能让自己强大起来，也能承担起走向未来的重任，可以在恶劣的环境考验中力挽狂澜。

用人不刻，交友不滥

用人不宜刻，刻则思效者去；交友不宜滥，滥则贡谀者来。

用人切忌过于刻薄，一旦刻薄的话即便是那些要前来效忠自己的人也会渐渐离去；交朋友不能过于泛滥，一旦泛滥的话就会招来那些喜欢阿谀奉承的人。

解 析

一个讲求礼仪且很有智慧的人，即便是与他相交的人远隔千里也会感受到他亲如兄弟般的感情。要是换一个做事不合乎礼法且不够聪慧的人，即便是近在咫尺的朋友也会因此感觉对方不够真诚，不愿意与其来往。人若是都能守住恭敬礼义这些原则的话，就不愁没有人能和自己和谐共处，如兄弟一般相亲相爱。儒家的理论最重视的是仁、义、礼、智、信，毫不夸张地说，所有的行为目的就在于这五个字。在这五个字的基础上，人们恪守自己的人生原则和道德规范，也就能实现天下皆兄弟。

知无形物，悟无尽趣

人解读有字书，不解读无字书；知弹有弦琴，不知弹无弦琴。以迹用，不以神用，何以得琴书之趣？

普通人只懂得去理解那些有文字记载的书，却读不懂不是用文字书写的书；一般人弹琴只会弹有弦的琴，却不知道该怎么弹无弦的琴。懂得如何应用有形的事物，却难以领悟其中的神韵，这又怎么会知道弹琴和读书的真正乐趣呢？

解析

孔子生性爱好音乐，要是他觉得某个人的歌唱得好，他一定会要求对方再唱一遍，最后还要和他一起再唱一遍。孔子爱音乐爱的是音乐的本质，不仅仅停留在音乐的表面，他总能从音乐当中听出音乐的内涵。舜时期最有名的曲子是《韶》，周武时期最有名的曲子是《武》，两者都是中国古代最负盛名的曲子。孔子在听完这两首曲子之后，对它们分别做了评价。他认为《韶》的曲调尽管没有《武》那么优美，但也算是尽善了，《武》则相比之下没那么优美。当然这其中也包含了孔子的一部分精神向往，孔子一向都很是敬仰舜，因为《韶》在他听来很是高古感人，此外《韶》还能引起孔子对舜的某种向往，加上《韶》问世的时间比《武》更早，因此，孔子对它丝毫不吝啬自己的赞美之情。

孔子爱音乐，且对音乐的爱好很是热情，这也说明了他对于美的热爱，说明了他心中所具有的善。

短暂人生，不动心智

石火光中争长竞短，几何光阴？蜗牛角上较雌论雄，许大世界？

译 文

在电光石火一般短暂的人生中去计较时间的长短，又能争得多少光阴呢？在蜗牛角一般的小地方上去决一雌雄的话，又能为自己争得多大的空间呢？

解 析

人们习惯用电光石火来形容时间的飞速。现实生活当中，若是有人叫自己，马上答应的话就什么问题都没有；要是叫了很长时间之后，自己还在思考对方叫自己做什么，那势必就是给自己招来不必要的麻烦。"闪电光，击石火"，这句话不仅仅说的是要反应迅速，真正的意图更在于不动智，顺其自然。

不取胜而自然取胜

争先的径路窄，退后一步自宽平一步；浓艳的滋味短，清淡一分自悠长一分。

译 文

路本来不窄，只不过因为人人都在争先恐后地走同一条路，所以道路就变得狭窄了，如果有人此时能后退一步的话，那道路就恢复原来的模样；浓妆艳抹的话就很难尝到真正的滋味，如果此时清淡一点的话，趣味也会因此变得更加悠长。

人要学会自然和自明，强求的话则很难保证自然和自明。孔子说，不要总在怪自己没有人赏识，要看看自己能力上是不是真正做够了。孔子还认为宁可发愁自己有什么为他人所称道的，也不应该总去思考自己为什么没有人称道。曾子指出，只因个人不够宅心仁厚，这才会与人同游却不为他人所爱，必是自己的长者之风不足，才会引来他人的抱怨，这个道理很是浅显。无论是谁都希望被肯定、被赏识，要不然孔子不会说，人要是一辈子都不为人称道，那就是十分遗憾的人生。就譬如一块价值连城的和氏璧，如果几次三番都没有被雕琢出来的话，那就算是有再高的价值也无法发挥其作用。

古人说过，以刚可胜过不如自己的人，以柔可胜过比自己高明的人。只能胜过不如自己的人的话，遇到那些和自己力量均衡的则变得很是危险；如果可以把比自己高明的人都胜了的话，那就没有任何危险存在了。所以要常胜的话就不能仅仅靠行动和语言，要取胜天下更不能总是靠语言和行动。这才是不取胜而自然取胜，不任事而自然任事。

得意时当念失意时

自老视少，可以消奔驰角逐之心；自瘁视荣，可以绝纷华靡丽之念。

译文

以老年人的眼光来反省年轻时的行为的话，很多追名逐利的欲望争斗就会因此消失；若是从衰败的角度来反观从前的繁华的话，很多华丽奢靡的念头就会因此而消亡。

解析

经历太多世事之后，总会从中悟出一些道理来，也就会发出很多感叹。道家劝说人要积极地消除自己的欲望，儒家则提倡要坚定贫贱不能移的功夫，禅宗则提到人们要出世就必须消除所有的欲望。不论是哪一种观点，都认为富贵权势的争夺只会消耗掉人们的真心。因此得意之时别忘了多想想失意时的心境，这才有利于控制住自己的欲望和争夺的念头。

世间无常，切勿认真

人情世态，倏忽万端，不宜认得太真。尧夫云："昔日所云我，而今却是伊。不知今日我，又属后来谁？"人常作是观，便可解却胸中罥矣。

译文

世间百态瞬息万变，凡事都不要看得太过认真。尧夫先生曾说过："昨天说到的我，今天也就成了他，不知道今天的我，明天又会成了谁。"要是人人都能多多这么思考的话，心中再多的牵挂和牵绊都可以放下了。

解析

人们常常说，凡事都不要太过较真。场合不同，可以决定一件事情是否要认真对待。研究学问要认真对待，在大是大非的问题上要非常认真，遇到那些并不关乎大局的琐碎问题时，就不用太过较真。如果遇到事情就总是刻板认真的话，会徒增很多不必要的烦恼，也会让自己处处受阻。适当地退一步考虑，结果也会朝着更好的方向发展。人际交往当中，彼此都要学会宽容和理解，这是促进人际关系最好的两样法宝。

镜花水月，执意惹烦

古德云："竹影扫阶尘不动，月轮穿沼水无痕。"吾儒云："水流任急境常静，花落虽频意自闲。"人常持此意，以应事接物，身心何等自在。

译文

古时的得道之人曾经说过："在台阶上掠过的竹影不会和尘土一起扬起，倒映在池塘里的月影也丝毫不会因水面激起波纹。"儒家的学者也说过："水流得湍急，周围的环境也不会受其影响，仍然保持平静，花落得再多，人的兴致也不会受其影响，依然是闲适自在。"人若是常常都能以这般心态来处理事情的话，那身心都会无比地自在。

解析

镜中花，水中月，尽管再美也都是虚幻之物，实在不应该为之心动。古人认为，若是痴迷于物欲、情欲等虚幻之物的话，到头来只会落得一场空。心要静，意念要悠，要常常排除心中的杂念，不为外在的诱惑所动，让身外之物随自然而去，这才会感到身心愉悦。

天地真如，心旷神怡

帘栊高敞，看青山绿水吞吐云烟，识乾坤之自在；竹树扶疏，任乳燕鸣鸠送迎时序，知物我之两忘。

　　高高卷起窗帘，从窗户往外眺望，外面尽是青山绿水之境、云展云舒之美，看到此景才会知天地之间的自在美妙；竹林茂盛之际，小燕子和斑鸠在其中鸣叫，发出的叫声似乎在报道着自然界的变化，这便是物我两忘，与自然浑然一体的至高境界。

　　在现代都市中生活的人，成天看到的景象都是钢筋水泥的丛林以及鳞次栉比的高楼，早已忘记了大自然中的那种自然畅快的感受，更少体会到山林间的美景。只要有机会回到山水田园中间，就会顿时让人忘掉都市里的尘嚣，仿佛一下子就感受到了心旷神怡，可以说回归大自然会让人有一种忆旧的感受。生活在都市里，尽可能别让自己"躲进小楼成一统，管它春夏与秋冬"，要多到田园中去，体会"悠然见南山"的人生真趣。古人有诗句写道："好鸟枝头亦朋友，落花水面皆文章。"这其中就表达了自在天地真如的境界，也是物我两相忘的美好体验。

自它不二，融合为一

　　林间松韵，石上泉声，静里听来，识天地自然鸣佩；草际烟光，水心云影，闲中观去，见乾坤最上文章。

　　松涛在山林之间阵阵响着，仿佛是美妙的韵律，泉水在石头上静静地流淌着，静静去聆听这一切的声音时，就会知道天地之间的自然美妙。烟雾升起在遥远的原野尽头，天上的云倒映在水心中央，闲暇时望去，便可见天地间最好的创作。

禅心合一，是谓世间万物皆为融合，只要幻化自我于万物之中，定会体会其中玄妙之禅意，而这当中可能化为一阵风、一段声音，等等。寒山有诗云："微风吹幽松，近听声愈好。"意思是说当微风拂过幽静茂密的松林时，靠得越近，所听到的松涛声音越好，越让人流连忘返。如何才是靠得最近呢？心与心之间没有距离那便是融为一物，而化自己为风，化自己为松涛声，便是最佳的聆听方式和聆听距离。

善恶美丑，转瞬即逝

优人傅粉调朱，效妍丑于毫端，俄而歌残场罢，妍丑何存？弈者争先竞后，较雌雄于着子，俄而局尽子收，雌雄安在？

台上的戏子们总是涂脂抹粉，粉墨登场，他们把世间的所有美好和丑陋都在舞台上演得入木三分，可是不久后当表演落下帷幕后，曾经舞台上的美好和丑陋又去哪儿了呢？下棋的人为了能一决高下，总是争前恐后地争着下子，一会儿过后当棋局结束了以后，哪还有什么胜负之分呢？

宋代的儒生邵尧夫曾有诗句："尧舜指下三杯酒，汤武争逐一局棋。"他认为三杯酒就可为善事，一局棋就可以为恶事。如此说来，人生短短数十载，在漫长的历史长河当中就好比是沧海一粟，很多东西看起来重要，实际上不过是一片浮云。人生其实和舞台上的表演颇为相似，谁都是粉墨登场，演出各种和自己有关的喜怒哀乐，短短的人生过去了之后，舞台上的主角就不是自己了，换了一拨新的演员，曾经的尔虞我诈、你争我夺不过都成了过眼云烟。即便是有了新的利益争夺，那不过也同自己无关。既然如此，何必费心机去着力争夺什么，何必为了谋取自己的利益不择手段呢？人生短暂，不如好好体会一下风花雪月，让宁静入住自己的内心。

十二月
亲善缘，远恶缘——明心见性修善心

做人要有慈悲心肠，所谓慈悲便是待人接物皆以善心示人。要做到这一点就要先参透世间的万物，了解是非虚实。

近而不染，知而不用

势利纷华，不近者为洁，近之而不染者尤洁；智械机巧，不知者为高，知之而不用者尤高。

译 文

世间纷乱繁华之事太多，不接近它们的人就是拥有高尚节操的人，那些接近了却不受其污染的人更是其中品格高洁之人；工于心计的技巧，不了解和掌握的人则是高尚的人，要是了解了之后却从未用过这些伎俩的人，就是最为高尚的人。

解 析

在某些有利可图的事情面前，有人会经不起诱惑，企图削尖了脑袋去争取一点点的利益。在有权势、有地位的人周围，常常会聚集一堆喜欢阿谀奉承的人，这些人无非都是为了自己的贪念而来的。人格高尚之人一定是不会为了获得个人利益而做出此种行为的。

自在观心，机趣自得

夜深人静独坐观心，始觉妄穷而真独露，每于此中得大机趣；既觉真现妄难逃，又于此中得大惭忸。

独自一人在夜深人静的时候好好反省一下自己，就会感觉所有的私心杂念因此而消失了，并且感受到了真实性情的自然流露，也就是在此时，每每都会从中领悟到大乐趣；只不过在此情况下的真性情流露往往是短暂的，杂念一时消除了，却很快就会逃走，杂念再现时，一时间就会感到非常惭愧。

有一个居住在石洞里的人，很喜欢思考，同时也很擅长猜谜语。只不过当他的耳朵能听到很多外在的声音时，眼睛能看到众多外在的事物时，他的思考被打乱了。他原本聚精会神地在思考问题，没想到身边蚊虫的叫声、禽鸟的飞翔都影响了他的注意力。从此以后他为了能够继续像从前一般集中注意力，开始独居，甚至是静坐思考。这么做了之后，自己再也听不到外界的声音、看不到外界的事物，可以称作是自我警惕，但不管怎么说还不算是思虑过于精细的人。事实上，能够思虑精细的人也就不必去苛求什么自我克制、自强或是自我警惕了，他已然是完美的人了。

狂狷丈夫，偏执可爱

春至时和，花尚铺一段好色，鸟且啭几句好音。士君子幸列头角，复遇温饱，不思立好言、行好事，虽是在世百年，恰似未生一日。

春天来临的时候，风和日丽，气候温暖，这个时候看到的景象尽是花儿绽放、草儿茂盛，为大地铺上了一片生机盎然的景象，鸟儿也会非常活泼地在树上唱着欢乐的歌曲。君子若是有幸可以崭露头角，且能因此过上了温饱富足的生活的话，此时不好好去思虑为后世留下有深度的文章，以及为后人多做点好事，那即便是生在世间百年，还不及好好生活上一天。

那些没有是非观念的好好先生绝非真好，事实上他们才是道德败坏的人，本质上无好可言。这一类人看起来在人群中没有危害，实际上却是其中最大的危害，他们在人群中就好比是稻田中的野草、朱砂中的紫色一样，对于人群道德水准的危害是巨大的。既然不能为他人所不能为的话，那不如就像诗仙李白一般狂放吧，或是像清高的陶渊明一般。这种风范在孔子看来是"狂狷"，也是孟子所说的"大丈夫"，他们中的大多数人都在行为举止上有所为偏执，却在人群当中鹤立鸡群。偏本非好品德，但已经做到了执也算是难得。偏执之人有真性情，缺点很是明显，优点更是突出，这才感觉可爱。

虚幻真实，参透看破

以幻迹言，无论功名富贵，即肢体亦属委形；以真境言，无论父母兄弟，即万物皆吾一体。人能看得破，认得真，才可以任天下之负担，亦可脱世间之缰锁。

就虚幻的景象而言，不仅仅只有所谓的荣华富贵，像是人的身体也是父母给予人们的，而非自我所有；就真实的景象而言，不仅仅只有父母兄弟，哪怕是世间一切事物都是同自己一体的。人要从中看破，看得真切，这才能担负起天下的重担，才能脱开所有虚幻景象的缰绳。

万物形象皆为本质外在所现，如能穿过幻想点破本质才是真谛，掌握了其中的真谛方能认识世界，了解真意。多少人看不破幻象，一味地追寻现实名利，到头来却没能克制好自己的欲念，沉沦于世间虚幻的景象之中，始终难以找到内心的真实。要担负起重任的人就必须先抛开世俗虚幻的羁绊，看破世间万物，循自然之道，寻找最真实的内心。

胜私制欲，识力并行

胜私制欲之功，有曰：识不早，力不易者；有曰：识得破，忍不过者。盖识是一颗照魔的明珠，力是一把斩魔的慧剑，两不可少也。

要战胜自己的一己私利或是克服自己的欲望，有人说：如果不是太早地去认识到这些私心杂念的话，就不会有坚强的意志去克服它们；还有的人说：如果不能看破这些私心杂念的害处的话，那就忍受不了它们对自己的诱惑。因此一个拥有识破害处的智慧的人，就好比是手中有了照亮邪魔的明珠，而一个有了坚强意志力的人，就好比是手中握着一把斩妖除魔的宝剑，这两者对于克服各种私心杂念缺一不可。

人人都有私欲，每个人都会有自私自利的时候，私欲在很多人看来都是不好的，但不是所有人都能够克制住自己的私欲，否则从古至今就不会有人说出"人不为己，天诛地灭"的谚语了，自私自利的人们也就常常用这样的词语为自己开脱。人们难以抑制自我的私心杂念，就因为缺少坚强的意志和自在的理性，同时人们受教育的环境也会是一个很重要的影响因素。如果每个人都献出一点点自己的力量去温暖他人的话，就会换得他人的爱护和关心，这样整个社会才会真正和谐。

人性之恶，复杂难辨

善人未能急亲，不宜预扬，恐来谗谮之奸；恶人未能轻去，不宜先发，恐遭媒孽之祸。

译 文

不必太急着接近善良的人，也不用过早去赞扬他善良的美德，这么做只怕会招来小人的中伤和诽谤；也别想太早摆脱坏人，不能太早去揭发他的恶行，这样的话很容易因为坏人的诬陷和诽谤招来不必要的罪祸。

人心的险恶并非人们所能预料的，想要真正了解人性之恶，有着很大的难度。春夏秋冬，四季变换之间还有自然规律可以遵循，可是人心在躯体重重的包围之下，很难看出真正的本质。有些人外表敦厚却内心险恶，有的人外表其貌不扬内心却敦厚。外表并不代表一个人的内心品质，所以君子要观察一个人的人品，首先要远远地观察对方，看其是否忠诚、勤恳，从他们处理事情的态度来观察对方的才能，了解他们的智慧和才能，别仓促地对他们的信用和态度做出评价。

谨言慎行，眼光长远

有一念而犯鬼神之禁，一言而伤天地之和，一事而酿子孙之祸者，最宜切戒。

译 文

有了一个触犯鬼神禁忌的邪恶念头，说了一句伤害祥和之气的话语，做了一件祸害自己子孙的坏事，这些都是人们生活中最需要引以为戒的。

解 析

人生处世必须小心谨慎，凡事都要为自己和周围的人考虑，既要看到眼前，也要为未来多多考虑。不能总是为了眼前的一点点利益就抹杀了未来子孙的利益，图一时之欢，却断了一世的利益。这么做有时候甚至会妨碍自己的前程。古代兵书中说道"一言不慎身败名裂，一语不慎全军覆没"，可见为人做事一定不能不择手段、胡作非为，要小心谨慎，不要给自己招来灾祸。谨言慎行、明辨是非是必须的，特别是那些刚刚工作不久的职场新人，更是要让人感觉到自我谦逊的态度，切勿眼高手低、盛气凌人，这会带给人不够愉悦的感受。

慈悲心肠，繁衍生机

为鼠常留饭，怜蛾不点灯，古人此等念头，是吾人一点生生之机。无此，便所为土木形骸而已。

疼惜老鼠给它留了饭只怕它饿死，疼惜飞蛾尽量不点灯只怕它飞蛾扑火而死，古人为了万物都能生存下来才有了此类念头，这便是万物生生不息的生机所在。要是现在的人没有这般想法的话，那人就和那些没有生命的枯木泥土没有区别了。

解析

齐宣王曾问过孟子："我这样的人能把国家治理好吗，能让百姓安居乐业吗？"孟子肯定地回答："没问题。"宣王又问："是什么让你觉得我是可以的呢？"孟子说："我曾听说过大王您在一头将被屠宰了作为祭祀的牛面前发抖，有如此善良想法的人怎会治理不好国家呢？"宣王回答道："我没选那头牛，但是我后来换了一只羊，为此我还被全国上下的老百姓说成是吝啬鬼。可是我治理国家和这件事情我怎么做、为什么这么做又有什么样的关系呢？"孟子说："您这么做百姓怪你吝啬，这不奇怪。牛看起来大，羊看起来小，用小的动物代替了大的作为牺牲，这看起来确实有些吝啬。百姓这么误解你的话倒也无妨。大王见到牛被宰而心里不舍也正是仁爱之心，因为仁爱所以能让百姓安居乐业。我之所以这样说的理由在于只看到被杀死的牛，却没见到被杀死的羊，所以说大王还是有很强的仁爱之心的，又怎么会看不见呢？假如有一天大王听到有个人报告：'我明明能举起三千斤却拿不起一根羽毛，我能分辨出远处飞鸟的羽毛，却看不到摆在眼前的柴草。'大王听完信不信呢？"

宣王说："这话自然是不能相信的。"孟子接着说："王的仁慈之心都能让动物受到好处，那百姓又怎么不能因此而得到实惠呢？这么说的话和之前的那个人有什么区别吗？"

心体天体，人心天心

心体便是天体。一念之喜，景星庆云；一念之怒，震雷暴雨；一念之慈，和风甘露；一念之严，烈日秋霜。何者少得，只要随起随灭，廓然无碍，便与太虚同体。

人内心的纯真本性与天地乾坤之间的本体本就是一致的。有了喜悦的念头，天边就会出现瑞星祥云；人心中一旦有了愤怒的念头，就好比是雷霆万丈、雷雨交加一般；心中有了慈悲的念头之后，就会像是滋润万物的春雨一样；有了严厉的念头之后，就会像是烈日当空或是秋霜逼人。哪些是可以缺少或是避免的呢？人类的喜怒哀乐时常消长，心中的本性也就如同天地一般广袤无垠，这同乾坤自然可以合为同体。

古代人很提倡天人合一的观点，人体的变化会体现出大自然变化的特点，彼此一一对应。这虽然从科学上来讲并不十分科学，但现代人也可以将其视为一种比喻。人生活在大自然中间，和各种大自然的生物发生关系，大自然的变化对于人的影响不言而喻。道家一向主张"人法自然"，人与自然天人合一所以才胸襟开阔。儒家的主张在于仁义，有了仁才有爱人的精神。所以说，天地乾坤孕育了世间万物，彼此友爱。

省事为适，无能全真

钓水，逸事也，尚持生杀之柄；弈棋，清戏也，且动战争之心。可见喜事不如省事之为适，多能不若无能之全真。

生活中，钓鱼本来就是一件闲情逸致的事情，鱼儿的生杀大权都掌握在钓鱼的人手中；生活中，下棋也是一件轻松高雅的娱乐方式，战争之心也在其过程中涌动。所以说，多一事不如少一事，事情一少就会叫人感觉闲适，很多时候能干的人尚不如普通人更能够保持人的真实本性。

解 析

老庄一向都提倡要"无为"，这是道家思想的重要命题，这个思想一直延续了两千多年，影响了从古至今中国人的行为和思维模式。在《人间世》一文中，庄子假托南伯子綦说了一番对树的感慨："喜事不如省事为适，多能不若无能全真。"这确实是个很严肃的道理。庄子说，南伯子綦曾在商丘一带游乐，期间他看到了一棵参天大树，几乎可以让上千辆四匹马的大车在它的树荫底下休息。子綦反问自己："这树究竟是什么样特殊的材质啊，究竟是什么呢？"说完话他就抬头看着参天的树枝，虬枝伸向了天空，却不足以用来作为盖房子的房梁。他再低下头去看大树的主干，才发现树心一直到表皮也都有了裂口，所以树干也没法用来做棺木。他舔了舔树叶，一下子就口腔溃烂。他闻了一下树的叶子，就感觉是醉了酒一般。子綦说："这树木果真不是什么珍稀物种，也没有什么价值，也就因为如此才能长得如此高大。咳！精神世界超脱了物外的'神人'，何尝不是这不成器的木材呢？"

虚景实景，皆在人心

莺花茂而山浓谷艳，总是乾坤之幻境；水木落而石瘦崖枯，才见天地之真吾。

山花烂漫，草木茂盛，山谷溪流当中充满各种艳丽的景象，只不过这一切都是天地乾坤的幻象罢了；水流干枯，山崖光秃，只剩下一切秃凋零石面对清冷，这才是天地间最本真的面目所在。

大自然的气象万千，有风云变幻，四季转换，气候的变化带来了各种不同的现象。天地之间有山川河流，有江河湖海，有形之物在天地之间聚集，形成了各种不同的形象。前者是气体的变化，后者是土地各种形式的变化。天地之间看来无限，但在宇宙间，天地却是很渺小的。当然还有比天地乾坤更为巨大的事物，这些物体很难穷尽，很难以看得透彻，事实确实如此。列子曾提到过："有谁认为天地会坏，那必然是荒谬无比的话，要是说天地不会坏，那就更加荒谬了。其实我也不明白究竟是坏还是不坏。也许坏也有可能，只是说坏的人不知道不坏是一种什么状态，说不坏的人不知道坏是种什么状态。出生不知道终结，终结不知道开始。我又何苦老去思考坏还是不坏的问题呢?"

忧死虑病，消幻长道

色欲火炽，而一念及病时，便兴似寒灰；名利饴甘，而一想到死地，便味如嚼蜡。如人常忧死虑病，亦可消幻业而长道心。

对美好事物的欲望就好比是烈火一样炙热，一旦想到自己生病的样子时，兴致就会全然消失了，再也提不起兴趣来；功名利禄品尝起来就好比如蜜糖一般，可是只要一想到人固有一死的话，再多的追求品尝起来也都味同嚼蜡。所以说，不论怎样，人如果多多想想自己患病的模样，或是想想人固有一死，那势必会消去很多对虚幻的追求。

解 析

生病的人通常比其他人对生命更有体会，人生的虚幻和可悲他们的体悟更为真切。要知道谁在死亡面前都只剩下一个念头，那就是求生。平时在为人立世当中多想想自己在失意的时候，或者是站在事业发展的负面或反面多考虑一下，这么想的话就不会有随心所欲的念头。孔子说过："君子有三戒：少之时，血气未定，戒之在色；及其壮也，血气方刚，戒之在斗；及其老也，血气既衰，戒之在得。"可见，孔子的意思是戒色有利于身体健康，戒斗可为自己免除很多灾祸，戒得的话才能保住自己的全名。朱子也说过："圣人同于人者血气也，异于人者志气也……君子养其志气，故不为血气所动，是以年弥高而德弥助也。"人的一生欲望无时不在，要是不懂得去克制自己的欲望的话，就要多多进行自我修行，这样才不会让自己在欲望中失去自我的本性。

看破人生，死生不乱

忙处不乱性，须闲处心神养得清；死时不动心，须生时事物看得破。

译 文

忙碌的时候保证自己不为心动，要做到这一点，就要首先在闲暇的时候时时刻刻保证头脑清楚敏捷；要让自己在面对死亡的时候还能保持镇定，平时就要把人生看破，领悟到人生的真谛。

　　生死对很多人来说都是人生大事，绝大多数的人都会因此而感受到人生的变化无常。在生死面前镇定自然，不乱性，不乱心，最根本的还在于树立正确的人生观。孔子说"朝闻道，夕死可矣"，孟子也说过"吾四十不动心"，他们之所以有如此领悟，就因为冷静面对生死，对人生已然有了大彻大悟，且在此基础上坚持追求大义为己任，有了仁义的观念后才有了这番感慨。也因为如此，孔子才在被匡人围困时，有了一番非常经典的感叹："天之未丧斯文也，匡人如其予何。"又譬如文天祥也在自己最为著名的《过零丁洋》一诗中留下了两句非常著名的诗句"人生自古谁无死，留取丹心照汗青"。古今中外很多先贤圣人在生死面前，所表现出来的大义凛然、视死如归，都说明了他们正确的人生观以及价值观，这些观念造就了他们临危不乱、镇定自若和良好的品性，才会遇事不慌，哪怕是生死。

故作姿态，不得真义

　　出世之道，即在涉世中，不必绝人以逃世；了心之功，即在尽心内，不必绝欲以灰心。

　　要从尘世间找到超脱的办法，就必须在尘世间寻找，不必远离尘世、隐退出世；了解心性的办法，就必须要用真心去体悟一切，不必心如死灰。

哀公问孔子："先生认为什么样的人是贤人呢？"孔子回答说："在我看来，贤人的标准先要在行为举止上合乎礼法的要求，当然前提是这么做也不能伤害到自己；在言语上也要成为天下人的典范，前提也是不让自己受到伤害；尽管富可敌国，但绝不自我拥有过多财产，而是对穷苦之人广施以恩惠，前提是自己的生活已经温饱可保证了。做到这几点也就是真正的贤人了。"以天下为己任，充分地应用自己的智慧和才能的人，才是真正的强大，真正的大公无私。贤人一向不会在言行举止上表现得不自然，他们可以避开做作和媚俗。他们克制自己，在规矩和方圆中做人，从未感到不自在和不自由。这就是全天下人的楷模，也就是真正意义上的贤人。

酒有别肠，诗有别人

一字不识，而有诗意者，得诗家真趣；一偈不参，而有禅味者，悟禅教玄机。

大字不识几个的人言语中却很有诗情画意，这不就是能体会诗句中真趣的人吗；连一句偈语都参不透的人却句句都有禅机，那势必是真切领会到禅理奥秘的人。

解 析

掌握一种事物的本质不能仅仅在思想认识上，更重要的是要去用实际行动去践行，只有如此才能体会事物隐藏至深的本质和道理。荀子说过："行之，明也。"荀子的意思便是在强调行为的重要性。一般而言，人的知识和才能获得了之后，必须要通过具体行动才能真正了解本质，事物的道理要真正理解的话也只有唯一一个途径，那便是行动。唐代著名的画家戴嵩，一生最擅长的便是画牛，与当时的韩干画马曾并称为"韩马戴牛"。虽然戴嵩的画技已经为人所熟知和认可，但他常常在作画时由于观察得不够仔细而有了众多疏漏。蜀中曾有一位杜姓的隐士，也是个善于书画的人，家中有不少书画珍品，尤其珍重其中的一幅戴嵩创作的《牛》图，对此非常爱惜，甚至随身携带，随时品玩。曾有一次，这位隐士在晾晒自己的藏品的时候，偶然间牧童见到了戴嵩的这幅《牛》图，不由得便大笑起来。隐士很是意外，便问牧童原因为何，牧童的回答是："这画中画的牛，是斗牛，可是斗牛时力在角，尾搐入两股之间，只可惜画中的牛竟翘着尾巴，这一点都不符合实际。"听完了牧童的话以后，隐士才明白牧童的话确实有理，于是也跟着笑了起来。

君子爱财，取之有道

放得功名富贵之心下，便可脱凡；放得道德仁义之心下，才可入圣。

译 文

把自己追逐荣华富贵和功名利禄的想法全部放下的话，就可以做到超凡脱俗；让自己的心摆脱仁义道德的束缚，才能进入圣贤之境。

解 析

凡事走了极端就会出现问题。想要获得财富，就一定要在合理合法的范畴之内进行，绝不能走极端来获取。要明白没有钱财是万万不可的，钱财是自己的事业和生活的全部基础，还可以为其他人做出贡献。权力也是如此，合法地使用权力可以利国利民。也必须知道，钱财和权力也不是万能的，如果是单纯为了权力和金钱去钻营的话，那就不是好事了，超越了合法的范畴就是不道德的行为。平凡人通过自己的努力来获得合理的钱财和权力，并以此作为服务自己和服务大众的基础，这才是好事。不执着于功名富贵，只求达到仁义道德的要求，乃君子所为。

生老病死，自性真知

发落齿疏，任幻形之凋谢；鸟吟花开，识自性之真如。

 译 文

人到了老年，头发脱落，牙齿稀松，这就是身体自然衰老的所有迹象，人不能强求，只能顺应其发展；春天到了，花儿开了，鸟儿开始在树枝上鸣叫，这便是自然的状态，要从中领悟到亘古不变的真理。

解 析

人生来就要经历生老病死，这和世间万物的生存规律是一致的。人从来到这个世界开始，先是新生，到成熟，再到衰老，最后到死亡，这个过程谁都逃不掉。很多人认为衰老是从身体衰老开始的，事实的真相并非如此，心理上的衰老才更可怕。庄子有句名言："哀莫大于心死。"四五十岁的人被大多数人认为已经到了中年，事实上从这个年纪开始创业并成大器的人也不在少数。但是也有人感觉这个年纪已经接近了老年，早就已经失去了追求事业发展的高峰期，于是放弃了。可见精神心理上的衰老远比生理上的衰老更为可怕。其实要保持生命力的旺盛，就要真正从精神上不断追求，精神不衰老，追求就不会死。

恭字当头，善人和气

善人无论作用安详，即梦寐神魂，无非和气；凶人无论行事狠戾，即声音笑语，浑是杀机。

心地纯真善良的人，平常的行为举止都很得体，表现得十分安详，即便是睡着以后的神态也很平和；心术不正、凶残暴戾的人平常都会为人残暴、行事狡黠，哪怕是笑着说话，其中也充满了让人感觉恐怖的杀人动机。

仁义之人，必须具备五种品质，那便是恭敬、宽厚、诚信、敏捷、慈惠。有了恭敬的品质才不致为他人所侮辱，拥有了宽厚的本质才会为人所拥护，诚信是为人所重用的基础，工作效率取决于敏捷的态度，要成为领导人就必须有慈惠的特质。

五个品质当中最重要的一点就是第一点"恭"。恭敬对人外在的要求便是要仪表端正，表现出对他人的恭敬状态，不具备"恭"态度的人表现出来的便是嬉和亵。通常情况下，一个衣冠整齐、行为做事都很规矩的人，一定会有礼貌，对人很诚恳。相反，那些常常衣冠不整、总是对事漫不经心、对人不恭不敬的人，只会让人瞧不起。现代生活当中，人们日常生活的规矩也没有古代的礼法那样严苛，但也要注意自身的"恭"，这是懂得礼貌、尊重他人最基本的要求。

趋利避害，幸福真谛

福不可侥，养喜神，以为招福之本而已；祸不可避，去杀机，以为远祸之方而已。

要保持心情愉悦，所有的福分都不可以强求，好心情才能换来生活的幸福；祸害是避不开的，只有排除内心的所有怨气，才可以真正远离灾祸。

每个人都有追求幸福的权利，追求幸福也是让社会发展的根本动力。个人的幸福却不能强求，强求是换不来所要的幸福的。话虽如此，我们却不能总是被动地等待，幸福不会毫无理由地降临在某一个人头上，要幸福还是要个人合理地去追求。有的时候奋斗不等于幸福，奋斗的过程是艰辛的，要时时在奋斗中保持对幸福的信心以及对结果的乐观态度。

闲来冷静，忙时机警

无事时，心易昏冥，宜寂寂而照以惺惺；有事时，心易奔逸，宜惺惺而主以寂寂。

译 文

闲来无事的时候，人的心思很容易就迷乱，此时最合适做到的就是冷静中保持警惕；事情一多忙碌的时候，心思容易变得急躁，这个时候最适合做的就是在机警中保持冷静。

解 析

人的各种心思过于复杂，或是有太多杂念的时候参悟不了真理的所在，需将各种杂念排除，禅意方能自现。杂念会蒙蔽人们的双眼，看不清真理何在，无论是闲时还是忙碌，都要让内心有所警觉，保持冷静机警，这才是最好的修行。

庸德庸行，平和自来

阴谋怪习，异行奇能，俱是涉世的祸胎。只一个庸德庸行，便可以完混沌而招和平。

涉世之间最容易招来祸害的根源在于人心中的阴谋诡计、行为上的标新立异。事实上，行为和品质上中庸平凡的话，就可以为自己带来自然淳朴的心境，给周围带来平和的气氛。

在未知中探索真知，这是求知的最基本做法。求取真知首先要做的一点就是存疑，很多问题都要先提出假设，没有假设就看不出人们的创意和态度，而社会能真正发展正因为人们的创见。当今世界，各国之间的能力竞争都以经济为基础，在此基础上求新求变，科技竞争的主要动力就在于提出新的创意，敢于创新求新。现代科技发展日新月异，几乎每天都在发生变化，有很多曾经连想都不敢想的问题如今都一一成真。只不过创新并不等于标新立异或是阴谋诡计，这在现实生活中是不可取的。

苟富贵，勿相忘

处富贵之地，要知贫贱的痛痒；当少壮之时，须念衰老的辛酸。

身处富贵之家，也要知道穷苦人家过得如何艰辛；年轻力壮的时候，更需要知道年老之后生活的心酸。

人的境遇不那么好的时候，一般都能恪守自己的本分，安心过日子；一旦变得富贵了以后才会肆意妄为，因为得意忘形才变得目中无人，为所欲为。也因为如此，才会有灾祸找上门来。秦末起义的陈胜，在起义后尚未称王的时候与自己的同伴约定："苟富贵，毋相忘。"可真正当陈胜称王，获得富贵了以后，这句话在他心中就一点地位都没有了，再没有和他人一起分享富贵的想法。不论是古代还是现代，很多人富贵了以后都会忘记自己曾经在贫困时所定下的约定，一心只为自己的利益奔走，却从来没想过去造福他人。很多人得到了财富和权势之后，就变得趾高气扬，仿佛自己什么都比他人强太多。事实上，不论处在什么样的境况之下，都要明白生命是多么宝贵。古诗有云："少年休笑白头翁，花开能有几日红"、"明日复明日，明日何其多"，正说明无论是贫困还是富贵，时间都是一去不复返的，如果不珍惜自己的青春而顾及晚年生活的话，很可能蹉跎一生时光。

知错能改，善莫大焉

纵欲之病可医，而势理之病难医；事物之障可除，而义理之障难除。

通常纵欲的毛病是可以医治的，相比之下心理偏执的毛病就很难医治或是纠正了；事物本身存在的障碍很容易排除，但真正妨碍真理的障碍就很难排除了。

王阳明说过："破山中贼易，破心中贼难。"可见，自以为是的人很难承认自己犯过的错误，不承认自己的失误，自然也就不会去改正自己的错误。始终这么下去的话，就会永不知悔改。俗话说"知过能改，善莫大焉"，古代最负盛名的教育家孔子也说过"过则勿惮改"。世上没有人不犯错误，最重要的是勇于承认自己的错误。失败乃成功之母，人们要在自己走向成功的道路上积极地改正自己的错误，才会反败为胜，这样才能有前进的动力。人的思想和认识总是停留在一个固定的阶段是难以有进步的，必须在不断进步中一点点地积累自己的经验，这样才有利于排除自我内心的障碍。为人如此，做事更应该如此。

百炼成钢，铁杵成针

> 磨砺当如百炼之金，急就者，非邃养；施为宜似千钧之弩，轻发者，无宏功。

磨砺自我意志就如百炼金一样，不能急于一时，必须是反复锤炼才可以锤炼出自己的意志；做事的话一定要像用尽所有力气来拉动弩一般，轻轻地拉开是不会射中任何东西的。

解 析

人们常用"只要功夫深，铁杵磨成针"来劝慰自己，这个道理可以让人们明白努力的重要性。任何人的知识修养以及智慧才能，都要经过千锤百炼之后方能成为仁爱，吃过苦、经过了辛劳才能成就大业。那些习惯投机取巧的人是不会懂得这个道理的，他们总是见小利忘大义，因为一点点小的利益而放弃艰苦奋斗的过程，最终只能是浅尝辄止。孔子说："无欲速，无见小利，欲速则不达，见小利则大事不成。"孔子的意思是，为人处世必须以坚实的磨砺作为基础，这样的人才不至于轻浮于事。

俭朴谦逊，不过为上

俭，美德也，过则为悭吝、为鄙啬，反伤雅道；让，懿行也，过则为足恭、为曲谨，多出机心。

译文

俭朴是人的一种重要美德，但不能过分，过分就会转变成小气吝啬，也就是人人都鄙夷的守财奴了，这就真不是无伤大雅的事情了；谦让，本身也是一种让人称道的美德，过于谦虚的话就显得有些卑躬屈膝了，显得过于谨小慎微了，反倒会招来过多狡黠的不良心思。

解析

事事都要讲求度，过度了的话就容易弄巧成拙。庄子在自己的《天地》当中假借了子贡的一个故事说明了自己的看法，所阐述的道理便是关于做事要有度的道理，说得尤其深刻。故事中提到子贡一次到楚国去旅行，在返回的过程中路过江阴遇到了一个正在整治菜园的老人，发现他正在挖一条通到井底的隧道。干活的时候老人气喘吁吁，成效却不是十分明显。于是子贡问道："老人家，你难道不知道这世上有种机械？如果你用了它的话，一定会省下不少力，提高自己的劳动效率。"老人听完了以后疑惑地看着子贡，子贡接着说："这种机械的名称是桔槔，只消一条木头就可以抽出水来。"

此时老人突然脸色一变，冷笑着说："我的老师曾经告诉我，有需要用机械的地方就用机械，可是不是所有场合都要用机械，尤其是内心。内心若是有了心机的话，就不纯洁了，不纯洁的话就很难守住自己的操守，也就难以得道。用桔槔的话能提高效率，这事情我不是不知道，只不过我不希望它坏了我的操守，所以才不用它。"子贡听完很是惭愧。

过了一会儿之后，老人继续问道："你是哪位？"子贡回答："孔丘的弟子。"老人继续问道："你是圣人孔丘的学生，要和圣人去比学问、比才能，还想超群出众，你是那一类人吗？想想你连自己的身体和精神都无法控制的话，那将用什么来治理天下呢？请离开，我不需要你的帮助。"听完老人的话以后，子贡只好惭愧地离开了。

浮华富贵，未足与议

饮宴之乐多，不是个好人家；声华之习胜，不是个好士子；名位之念重，不是个好臣士。

译 文

习惯去宴请宾客的人，一定不是正派人家所为；钟爱奢靡之声以及华丽服饰的人，算不上是个正经的读书人；过于看重名利和地位的人，也不会是好的臣子。

解 析

孔子说："君子食无求饱，居无求安，敏于事而慎于言，就有道而正焉，可谓好学也已。"孔子还有一句话："士志于道，而耻恶衣恶食者，未足与议也。"但凡是那些对未来怀抱希望的人，是不会贪图享乐且太过于关注自己的名利和地位的，如果只是单纯地想获得名利的话，那必然难成大业。一个人的品性道德会在人的行为举止的多方面表现出来，比如日常生活的普通活动、学习、工作等，都是个人品性体现的途径。务必要记住，为了满足一己私利去伤害他人的利益，结果只会是害人害己。

心拂之处，至乐之源

世人以心肯处为乐，欲被乐心引在苦处；达士以心拂处为乐，终为苦心换得乐来。

世人的快乐在于满足内心的愿望，却经常因为此而陷入痛苦之中；心情豁达的人平时总在忍受各种违背自我欲望的诱惑，但这份痛苦给自己带来了真正的快乐。

历史上成就大事者大都要忍受身边的各种诱惑。因此人必须要有自信，才能跨过各种生活的挫折，才能在各种磨难之后成就自我。《庄子·在宥》中有这样一段话："过分高兴的话会助长人的阳气，过于悲哀的话就会让阴气大长。阴阳之气同时长的话，必导致四季不调。时令不协调的话，人体就会因此受到伤害。一个喜怒无常的人，会因为思虑过度而不得结果，最终必是有奇谈怪论，行为诡异，就如历史上的盗跖、曾参等人一般。到了这般地步，即便是耗尽全天下至善至美之物赐予他，也无济于事。自夏商周以来，赏罚都因法治而分明，若是对此类人如此重用，百姓又如何能安居乐业?"

虚怀若谷，求之有度

居盈满者，如水之将溢未溢，切忌再加一滴；处危急者，如木之将折未折，切忌再加一搦。

一个人的权势好比是水缸里的水已经充盈那样达到鼎盛的话，就一定要记住不能随便再加进一滴；处在危急状态下的人，就好比是将要折断的木头一般，哪怕只要一小点的压力就可以直接把它压折。

解 析

贪得无厌的人会对各种欲望有着无止尽的追求，这样的人实在算不上什么好品德，至于对社会有什么贡献就更谈不上了。古语有云：贪心不足蛇吞象，人的欲望永无止尽的话，只会像是上文所提到的那个几乎满溢了的水缸一样，欲望盈满了自己的内心，只会带来不知足的痛苦。人们要明白盈亏循环的道理，所以做事情要明白一个道理——"身后有余忘缩手，眼前无路想回头"。当然有一类事情是不能仅仅停留在浅尝辄止的地步，一定要保持很高的追求，但这也不同于贪图，而是要虚怀若谷，体现出求知心切才行。

松竹高洁，诗情画意

松涧边，携杖独行，立处云生破衲；竹窗下，枕书高卧，觉时月侵寒毡。

松树的溪涧边，独自一人挂杖前行，突然停下来之后就会感觉自己站立在云雾之间，尽管自己看起来衣衫褴褛；竹林间的窗下，枕着书本高枕无忧地入睡，忽然会感觉自己身上披着的毛毡有月光洒在身上。

解 析

中国古代的君子一直把松与竹这两种植物作为激励自己的高洁代表，云和书也是古代文人墨客的诗歌文句中最常见的两种事物。上文提到的"松涧边，携杖独行；竹窗下，枕书高卧"，这两种境界中体现出来的必是无为的人生观，其中蕴含了众多的诗情画意，那般闲云野鹤一样的日子很是羡煞旁人。现代人的生活节奏很快，如果过得安逸的话，就可能会因此失去事业的斗志，但如果在成功了之后可以安抚自己疲惫的心灵，淡泊名利，在悠闲当中修身养性，才会入无为之境。

安贫乐道，心静自凉

热不必除，而除此热恼，身常在清凉台上；穷不可遣，而遣此穷愁，心常居安乐窝中。

暑热会给人们带来无尽的烦恼，要去除这些烦恼不一定要从驱除暑热出发，心静自然凉，保持内心清凉也就没有了这无尽的烦恼；穷困会给人带来忧愁，可是要去除这些忧愁也不全然要依靠改变穷困的现状，如果能常常有安乐之心的话，那一定能保证忧愁不再来烦人。

解析

古人就曾经说过"心静自然凉"的道理。夏季本是暑气最盛的时期，人人都会因此感到炎热，可是那些能够以心理方式来调节自我的人可以从心理上驱除暑热。就贫困而言，与其说生活穷困，不如说心态上的穷困更让人难以克服。孔子曾称赞自己的学生颜回尽管生活很是困苦，但是精神上非常快乐，从不因为自己穷困而愁眉苦脸，所以孔子认为颜回的身上有安贫乐道的操守志向。很多人改变不了自己穷困潦倒的生活状态，但是可以改变自己的心态，提升自己的修养，即便清贫他也能安贫守道，沉浸在自己的愉快生活当中。

朗月悬空，清闲雅致

孤云出岫，去留一无所系；朗镜悬空，静躁两不相干。

一片孤云飘出山谷，不论去留都不会再和山谷有任何关系；一轮皎洁的月亮悬挂在空中，不论宁静或是喧闹都和它没有太大的关系了。

解 析

在现代文明当中生活的人，不会单纯地像上文提到的高悬空中的明月一般不记挂着世间的事情。人们总是要在道德、法律等方面的约束下生活和工作。随着社会的不断发展，文明程度越来越高，但人们不可能隔离人世自由自在、毫无牵挂地生活，而且内心的平衡和调节也是人人都需要的，也希望从中获得与世间的喧闹无关的闲情雅致。悠闲雅致本就不难求，只要有此心即可。

深处味短，浅处趣长

悠长之趣，不得于浓酽，而得于啜菽饮水；惆恨之怀，不生于枯寂，而生于品竹调丝。故知浓处味常短，淡中趣独真也。

醇厚的美酒不一定会带来悠远绵长的趣味，常常是清淡的豆类食物滋味很是长

316

久，平淡生活也是如此；惆怅的心情总是从声色犬马的生活中而来，和干枯清贫的日子并无关联。可见，浓厚的滋味无法持久，真味常常蕴含在平淡的事物之中。

生活贫苦者也可以是富裕之人，生活过得很是知足的人，即便生活很是贫困，仍旧是富裕之人。这话很有道理。物质生活的改善确实有赖于财富的增加，这不代表财富的无尽增加和物质生活质量的提升之间有着必然的正比关系，如果认为两者之间存在着必然联系的话，那很难不陷入财富的旋涡中不可自拔。古人所说的"深处味短，淡中趣长"，这其中所提到的追求绝对不是物质上的追求，提及的是精神上的追求。对金钱的痴迷只会让人的状态陷入空虚，仅有那些精神富足之人才能让人们感觉到生活生趣盎然，所以不论什么事情都必须辩证地去对待。

心无染著，人间仙境

山林是胜地，一营恋变成市朝；书画是雅事，一贪痴便成商贾。盖心无染著，欲境是仙都；心有系恋，乐境成苦海矣。

山林之间本就是隐居的胜地，一旦有了私心杂念，山林也成了商品市场；品玩字画本身是一件高雅的事情，可是一旦有了贪念之后，把玩书画也会是商人所为。心地只要没沾染上污浊的东西，哪怕在物欲横流的环境当中也会宛如在仙境中一般；心中挂念太多的话，哪怕是身处无欲无求的人间仙境也仿佛陷入苦海一般。

事物本身没有苦乐雅俗之分，人之所以能有各种不同的感受，只因为个人对客观事物的感受不同，其实人生也是如此。庄子曾有一段这样的比喻："列子是个能御风而行的人，御风而行时的样子很是轻盈，十五天可以有个来回。在追求幸福的过程当中，列子也从来不匆忙。能够御风而行的列子尽管一直因为来回而辛劳，但至少他还是有所依靠的。照宇宙万物的规律来说，'六气'中的变化可以掌握，那势必能遨游于宇宙之间，他所仰仗的又是什么呢？所以，但凡是道德高尚的贤人做到了'忘我'，尽管精神超脱了物质世界的神人会忘却功名利禄，但只有至高的贤人才会从来不曾对功名利禄有过任何想法。"

不以物喜，不以己悲

时当喧杂，则平日所记忆者，皆漫然忘去；境在清宁，则夙昔所遗忘者，又恍尔现前。可见静躁稍分，昏明顿异也。

译 文

喧闹噪杂的时候，平日里的所有记忆都会渐渐淡忘；在清静安宁的境界当中，所有昔日被遗忘的夙愿也会在恍惚间出现在眼前。所以说，宁静和急躁之间的区别也就是清晰和昏昧间的区别。

解 析

人的心态可以在宁静和喧闹中调整。喧闹的外界环境很容易影响到在其中的人，人的情绪以此有了很大的波动，这个时候就要提醒自己要适时地去调整。这个时候需要好好集中一下自己的精神，平静一下自己的心态，只有这样才能有缜密的思维。古人说了要不以物喜不以己悲，人能够有这种状态的话，自然不会因外界环境的变化而随之改变。有句俗话叫"心静自然凉"，对于一个人的心态调整来讲同样适用。

采菊东篱下，悠然见南山

芦花被下，卧雪眠云，保全得一窝夜气；竹叶杯中，吟风弄月，躲离了万丈红尘。

译 文

睡着的时候身上披着的是芦花棉被，身下是雪地床，天上的云彩为纱帐，这才能在心中留存一天的精气；喝酒时以竹叶为杯，在清风明月当中吟诗弄赋，尘世间的一切烦恼都可以摆脱了。

解 析

田园生活当中最令人羡慕的境界便是"卧云弄月，绝尘超俗"，也是众多隐士最为向往的。陶渊明诗句当中的"结庐在人境，而无车马喧；采菊东篱下，悠然见南山"，这种境界被很多人用来作为自己的向往，陶渊明离开了尘世间，到了桃源中，那般隐居生活尽管没有此前的富裕，但众多人都感觉到他的生活颇为人所羡慕。只不过其中有多少人只是单纯地愿意去隐居，有多少人只不过是为了终南捷径，没有人知道。因此历史上能够名垂千古的隐者并不多，陶渊明之所以可贵，只因为他获知了自然之趣，在隐居的时候从未有所图。

清雅高风，浓不胜淡

衮冕行中，著一藜杖的山人，便增一段高风；渔樵路上，著一衮衣的朝士，转添许多俗气。固知浓不胜淡，俗不如雅也。

衣着华丽的达官贵人中，突然出现了一个手持拐杖的隐居山人，一时间这个人群就增加了许多高雅的风韵；在渔人樵夫常来常往的那段路上，突然有一名穿着华丽的达官显贵，难免就会有了不少俗气。所以说浓妆艳抹确实不如清淡来得更惹人喜爱，庸俗也不如清淡高雅更令人喜欢。

在中国古代的士大夫阶层中，一向都有对立的两派，一派是清流，一派是朝官。前者若是在朝为官的话便是庸俗，后者一旦进入山林泉石之间便可成清淡高雅。简单地从形式上区分的话，一派是在朝，一派则是在野，两者本身就有很大的区别。可事实上两者的区别不仅仅是如此，换句话说也不是在朝就没有雅士，在野就没有俗人。人的品性决定了一切，和在野在朝没有直接的关系。

天性本真，悠然会心

花居盆内终乏生机，鸟入笼中便减天趣。不若山间花鸟错集成文，翱翔自若，自是悠然会心。

移植到花盆里的花儿很容易会失去生机，鸟儿关进了牢笼里的话就会少了很多天然的生趣。这样的景象绝不如山林之间鸟儿翱翔、花儿浪漫的景象，其中的妙趣更是无法体会。

违反了天性将花儿移植到花盆里，把鸟儿关在牢笼当中，也自然就没有了生机，很显然无论怎么做，人为的都比不上自然之美。

就人类本身来说，自然指的是人的天性，也包含真性情和真思想。所以人们总在说"虚伪"，这便是和天性相对的。老庄的观念当中"真"和"自然"就是一体的。

未知生，焉知死

试思未生之前有何象貌，又思既死之后作何景色，则万念灰冷，一性寂然，自可超物外而游象先。

试想想自己在没出生之前的时候可曾有什么具体的模样，那么自己死后又该是如何呢？一想到这样就会感觉万念俱灰，所有的念头都会就此沉寂消失，自然就可以超脱于事物之外，游离于各种形象之上。

孔子说："未能事人焉能事鬼？未知生焉知死？"人在来到这个世界之前，谁曾知晓自己的前世是如何，那么又如何在死了以后知道来世又是如何？人们总在用各种方式讨论生与死的问题。有的人会因为生之短暂而选择享乐一生，花天酒地，而有些人则总是会在死的面前杞人忧天。善良的人修养很高，因此绝不会因为生死而感到担忧，他们看破了生死，于是再没有杂念，摆脱了世事的约束。

花要半开，酒要半醉

笙歌正浓处，便自拂衣长往，羡达人撒手悬崖；更漏已残时，犹然夜行不休，笑俗士沉身苦海。

歌舞升平、兴致正浓之时突然抽身离去，这般豁达周围人很是艳羡；更漏已达残时、夜深人静的时候，仍然在奔走忙碌的人，如此沉沦世俗苦海实在可笑。

做事勿待兴尽，用力勿至极限，凡事都要明白恰到好处才是最理想的状态，生活如此，工作如此，为人更应该如此。要享受恰到好处的状态，就是要"花要半开，酒要半醉"。酒要是喝到了烂醉如泥，那就不再是享受了。所以说人们不能在酒池肉林里沉迷自己，欲望还是要克制的，以免乐极生悲。

意志坚定，凡即为圣

把握未定，宜绝迹尘嚣，使此心不见可欲而不乱，以澄吾静体；操持既坚，又当混迹风尘，使此心见可欲而亦不乱，以养吾圆机。

内心还没有修为出坚定的意志的时候，最适合的做法就是要远离尘世间的喧嚣，这才能让自己远离欲望，也不致在尘世的污染中乱了方向，才能以最清醒的状态来保证心灵的纯净；内心的操守已经足够坚定的时候，如果还在滚滚红尘中，内心在欲望面前仍然不为所动，反倒可以以此来提升个人的圆通的智慧。

解 析

荀子曾说过，凡人要做到尽善尽美就要积累行善，那就成了圣人。孜孜不倦地追求和进步，才会有所成就，在积累和实践的过程中才能有所提高。圣人其实并非不食人间烟火，他们就是在凡人经过日复一日、年复一年的品行积累最终造就的，他们也是一种凡人，只不过是意志最为坚定的凡人。千万别去低估意志对于人的锤炼，它对人的影响是不可估量的，意志往往是很稳定和很持久的。人长期在意志的熏陶之下就能变成另一个人，这也就是凡人成为圣人的最基本途径。

为善不欲人知

施恩者，内不见己，外不见人，则斗粟可当万钟之惠；利物者，计己之施，责人之报，虽百镒难成一文之功。

译 文

向他人施恩的人，不要总把所有事情都记在心里，对外也不会对人张扬，那么一斗粟的付出也都会有万钟的回报；常用财物来给予他人帮助的人，从不去计较自己给予他人多少，更不会去计较他人回报给自己什么，那些善于计较的人哪怕付出了万金，最后也只会获得一文钱的功劳。

助人乃快乐之本，常常把帮助他人作为自己的责任的人，通常道德情操都比较高尚。帮助他人、施恩惠于他人并不求回报的人就是"为善不欲人知"，这才是真正的真诚和助人，是发自肺腑的。古人常说"有心为善虽善不赏，无心为恶虽恶不罚"，为善之人一定不能总想着他人的回报，若是这样做的人一定是沽名钓誉的人，这类人即便行善也不一定有好的回报。反倒是那些诚心诚意要去帮助他人，却怎么都没想过回报的人，得到的回报却是 出人意料的。因此施善之人无所求，无求之人获真情。

行人之短，凌人之贫，乃戮民也

天贤一人，以诲众人之愚，而世反逞所长，以形人之短；天富一人，以济众人之困，而世反挟所有，以凌人之贫。真天之戮民哉！

上天赐予智慧的人，是为了来教诲那些愚昧的大众的，不曾想却让这些爱耍小聪明的人用来炫耀自己的才华，且以此来暴露他人的短处；上天赐予财富的人，是为了让他来救济那些穷苦的人，不曾想他却依仗着自己的财富来炫富，还以此来凸显他人的穷苦。上述两种人真所谓是上天要惩罚的罪人。

古代的那些贤明君王，常常心怀爱民之心，在治理自己的国家时如履薄冰。《韩诗外传》中说道："天子受天命，需要接受三条原则：第一条，接受了这条原则之后要做些什么？必须操心接下来自己要做些什么，要长久地操心忧虑。第二条，既然天命已经降临在自己身上，就要从此开始尽心尽力，鞠躬尽瘁。任何一个以此谋利益的想法念头都是不被接受的。第三条要长保天命，就要勤勉。"《韩非子·难一》也说到一个很经典的故事：一次晋平公召集自己的大臣们一同饮酒，喝酒喝到很是得意的时候，晋平公说道："作为国君，我感觉除了权力大以外，再没什么别的好处。"当时著名的乐师师旷听了晋平公的话以后，就抱着琴朝他的身体猛然地撞过来。被撞了的晋平公连忙让开，问了一句："太师，为啥要这么做呢？"师旷回答："身边有小人在说话，撞人就是下意识的动作了。"当时有其他的大臣表示师旷的作为是不尊，晋平公当时就制止了其他人的做法，说："这事不怪他，我确实要以此为戒。"

有则为无，无则为有

得趣不在多，盆池拳石间，烟霞俱足；会景不在远，蓬窗竹屋下，风月自赊。

译　文

生活中的情趣不在于拥有多少东西，即便是在很狭小的水池或是石头之间，也会看到云烟日霞的美妙景致；让人意会的景致通常不在远处，哪怕是在自己家的蓬窗竹屋下，也可以领略到清风明月的悠闲。

解　析

山河大地呈现在眼前，这究竟是怎么来的呢？实际上，这些事物都是有限的，终有一天会归于无限，无限用各种不同的方式呈现在世间每个人的眼前。世间事物如此，人也是如此。可见每一个人虽然以不同的方式生存在这个世界上，但每个人的本质都有一个自我，而这个自我是每个人都体验过的。呈现在我们眼前的、岿然不动的山河大地又从何而得呢？有限一旦归于无限，无限的整体反而通过有限的个体展现在我们的面前。如果没了自我，一切都变成了自我。这是谁都体验过的事实。

一日千古，斗室天地

延促由于一念，宽窄系之寸心。故机闲者，一日遥于千古；意宽者，斗室广于万间。

时间的长短绝非事件本身的问题，而在于人们的主观所赋予的感受，而尺寸的宽窄也是人们心理体验所带来的主观感受。苏毅说对于那些能够在忙里偷闲的人来说，一天的时间就好比一千年一样长；而对于那些心胸开阔的人来说，哪怕是斗大的屋子看来都好比天地一般宽敞。

人的主观感受会带来对时间和空间的不同感受，更多的时候人心境的变化也会引起不同的观感，所以说不论是时间长短还是空间广狭都非绝对的。《庄子·秋水》中河神与海神的一段对话就说明了这个道理。

河神说："要是天地是最大的话，那毫毛之末就应该被视作是最小的吧?"

海神回答："你说得不对，不论是哪种事物，它的量都是无穷的，而时间更是没有尽头。不能总以常规的眼光去区别得与失，而事物的终结更不能用常规的观念去确定。一般有大智慧的人都不会用局限的眼光去观察事物。从不因为事物小就看成是小，体积大就视为大。"

栽花种竹，去欲忘忧

损之又损，栽花种竹，尽交还乌有先生；忘无可忘，焚香煮茗，总不问白衣童子。

译文

把自己内心对物质的欲望一减再减，平日里依靠栽花种竹来培养自我的生活情趣，所有生活的烦恼都交由乌有先生；把能忘掉的事情都尽量去忘掉，日日只是焚香煮茶来提高自我的修养，从来不去问白衣童子是谁。

解析

与世隔绝并不是最好的无为或是修养的状态。可见无论什么形式都不是最重要的，思想本质是比形式重要上千倍万倍的东西，只有思想上提升了，才能真正进入忘我之境。忘我之人常常做的事情是栽花种竹、焚香煮茶，过着闲云野鹤一般的生活，但这并不代表所有人都要以此作为自己生活的标准。有些人通过谈学论道也可以专心致志进入忘我的状态。孔子说："发愤忘食，乐以忘忧，不知老之将至。"人的忘我状态首先要求的是本质而非外在形式。

冥顽之境，无谓空寂

寒灯无焰，敝裘无温，总是播弄光景；身如槁木，心似死灰，不免堕在顽空。

译文

微弱的烛火光芒很弱，破烂不堪的棉衣不能确保他人温暖，这是造化弄人；身体好比是干枯的草木，心如死灰，难免就进入了冥顽的空境。

解析

上文中提到了一个人躯体如干枯的草木，心如死灰的人已经陷入了冥顽不化的空境当中了，那必然是内心空虚至极，和活死人又有什么区别呢？此类人不但对自己无益，对他人也是没有价值的。过于极端的安寂是不足取的。

静夜梦醒，月现本性

听静夜之钟声，唤醒梦中之梦；观澄潭之月影，窥见身外之身。

译文

静听夜阑人静从远处寺院传来的钟声，可以把我们从人生的大梦中唤醒；细看清澈的潭水中倒映的月影，可以亲见幻躯之外的真如自性。

解析

李白在《春夜宴桃李园序》中有"夫天地者，万物之逆旅；光阴者，百代之过客。而浮生若梦，为欢几何"的感叹。有的人，在人生苦短的感叹中今朝有酒今朝醉，春宵苦短日高起。有的人则有志于在短短的人生之旅中做出一番事业。对于一个人来讲，静夜悟道，月夜观影，万籁俱寂中忽然传来悠扬的钟声，可能会豁然顿悟。心静之中，许多苦思冥想的东西可能会一下子彻悟，灵感被触发，从而看清本我。

言而有信，恒心如一

不可乘喜而轻诺，不可因醉而生嗔，不可乘快而多事，不可因倦而鲜终。

切勿趁着自己高兴就对人轻易许诺什么，也别因为一时酒醉就迁怒于人，也不可趁着自己一时快活就生出诸多是非，更不能因为疲倦就做事虎头蛇尾。

大多数人在高兴的时候就会对人许下很多承诺，但过后却因为缺乏诚信并没有实现自己的许诺，不过是为了投其所好营造一定的环境让他人感到高兴罢了，这就是"轻诺"。借酒醉之时发疯，更是无法控制个人情感的一种表现，通常有德之人是不会有此作为的。一些有权有势的人常会口无遮拦，财大气粗，这时候就容易忘记如何尊重人、如何收敛自己，必然会有很多是非争端出现。切记要提醒自己别得意忘形，为人成熟的话，一定是做事情从一而终，言而有信。

心体本然，静中体味

风恬浪静中，见人生之真境；味淡声稀处，识心体之本然。

生活平静安逸的时候，才能发掘人最真实的性情；生活平淡宁静的时候，才会体会到自我内心的最本真面目。

诸葛亮在中国人心中一直都是智慧的象征，羽扇纶巾之间就已经决胜千里了。当年他所写的《隆中对》如今读来还是会令人感叹他的真知灼见。

诸葛亮曾给自己的儿子写过一封信，这当中或许可见一二："夫君子之行，静以修身，俭以养德，非淡泊无以明志，非宁静无以致远。夫学，须静也，才，须学也。非学无以广才，非志无以成学。淫慢则不能励精，险躁则不能冶性。"

苦海不悔，实叹可悲

晴空朗月，何天不可翱翔，而飞蛾独投夜烛；清泉绿草，何物不可饮啄，而鸱枭偏嗜腐鼠。噫！世之不为飞蛾鸱枭者，几何人哉！

译 文

在晴朗的夜空当中，明月高悬，明明有可任意翱翔的天空，飞蛾却总喜欢在夜间扑向烛火；青草泉水之间，有那么多的好果子可以吃，可是鸱枭却独独爱吃那神出鬼没的老鼠。咳，这世间有如飞蛾、鸱枭那样的傻人还有多少啊？

解 析

飞蛾扑火、鸱号食腐很多人都感到很是奇怪，世间有动物如此，人也是如此，很多人也是放着机会不去做事，反倒要自取灭亡。因为时间、认识等局限而钻牛角尖的人比比皆是，结果自然只能是失败的或是可笑的。他们的行为在当下看起来似乎是正常的，只不过过后再去反省却感觉有害。因此为人须知苦海而不回头，实可悲叹。